碾压混凝土坝温度控制及快速施工防裂方法研究

郭磊　陈守开　著

中国水利水电出版社
www.waterpub.com.cn
·北京·

内 容 提 要

本书从混凝土的温度控制与防裂问题出发，主要就混凝土的地温初始场的确定、坝体上下游水温和准稳定温度场及稳定温度场的计算分析、混凝土温度和应力的仿真计算精度方法以及施工现场快速施工试验块防裂方法研究、典型坝段施工防裂方法研究等内容进行了深入的研究。主要内容包括混凝土温度和应力的仿真计算方法、混凝土热力学参数反演原理与方法、大坝试验块温控参数反演成果和坝段快速施工段仿真计算结果分析等。

本书可供从事水利水电工程设计、施工等专业的技术人员使用，也可供混凝土温控专业及大专院校相关专业的人员学习参考。

图书在版编目（CIP）数据

碾压混凝土坝温度控制及快速施工防裂方法研究 / 郭磊，陈守开著. -- 北京 : 中国水利水电出版社，2019.8
ISBN 978-7-5170-7967-5

Ⅰ. ①碾… Ⅱ. ①郭… ②陈… Ⅲ. ①碾压土坝－混凝土坝－温度控制－工程施工－研究②碾压土坝－混凝土坝－防裂－工程施工－研究 Ⅳ. ①TV642.2

中国版本图书馆CIP数据核字(2019)第192157号

书 名	**碾压混凝土坝温度控制及快速施工防裂方法研究** NIANYA HUNNINGTU BA WENDU KONGZHI JI KUAISU SHIGONG FANGLIE FANGFA YANJIU
作 者	郭 磊 陈守开 著
出版发行	中国水利水电出版社 （北京市海淀区玉渊潭南路1号D座 100038） 网址：www. waterpub. com. cn E-mail：sales@waterpub. com. cn 电话：(010) 68367658（营销中心）
经 售	北京科水图书销售中心（零售） 电话：(010) 88383994、63202643、68545874 全国各地新华书店和相关出版物销售网点
排 版	中国水利水电出版社微机排版中心
印 刷	北京中献拓方科技发展有限公司
规 格	170mm×240mm 16开本 8.25印张 162千字
版 次	2019年8月第1版 2019年8月第1次印刷
印 数	001—500册
定 价	**45.00**元

前言

碾压混凝土坝以温控措施相对简单和可快速连续施工为其显著特点，但国内外大量工程实践表明，碾压混凝土坝上也出现了相当多的温度裂缝。裂缝的产生和发展为大坝的安全运行埋下了隐患。因此，如何采取有效的温控措施，既能使碾压混凝土坝在施工过程中采取厚浇筑层、短间歇期的快速施工方法，又能确保大坝在施工期和运行期不出现温度裂缝，是碾压混凝土坝全年连续施工的关键技术之一。

近年来，随着相关理论的发展和仿真数值计算技术的日臻完善，水工结构工程混凝土裂缝成因和防裂技术的认识有了很大的提高，通过对施工期混凝土结构常规荷载应力、温度应力、收缩应力和徐变应力的非恒定时空复杂问题的精细仿真求解，尤其是混凝土内水管冷却精确算法（水管离散单元法）的应用，已能对整个施工期乃至包括工程运行全过程进行严格意义上的数值仿真计算，可进行工程上所遇到的各种各样的情况和现象，如混凝土的具体施工浇筑过程、立模和拆模时间、养护方式、施工间歇时间、风速变化、环境温度变化、降雨情况、外加剂和配合比等的模拟，也能够仿真模拟混凝土材料的热学和力学性能与参数随龄期变化的过程，能在施工前和施工过程中预测结构中任何一处混凝土在任何时刻的温度值、应力值和预测是否会开裂等信息，提高了工程的防裂安全度。

本书主要包括以下内容：

（1）混凝土温度和应力的仿真计算。温控措施是有效减少混凝土开裂的主要手段之一，本书分别叙述了混凝土温度场的有限单元法求解、混凝土应力场的有限单元法求解、水管冷却混凝土温度场的有限元迭代求解以及有限元仿真计算的单元形式等，并且强调了在计算时必须充分准确地考虑混凝土的温度计算和变形与应力计算等参数随龄期变化的影响。

（2）混凝土热力学参数反演原理与方法。本书介绍了混凝土的各项热力学参数的反演方法，分别叙述了参数辨识方法、遗传算法原理、基本遗传算法、加速遗传算法及改进的加速遗传算法等，并利用改进的加速遗传算法对混凝土的相关热力学参数进行了反演计算。

(3) 工程实例分析。本书通过收集仿真对象的资料确定仿真计算的初始条件与边界条件，分别开展了GD大坝试验块温控参数反演结果分析和坝段快速施工段仿真计算结果分析：① 通过建立反演计算模型对GD大坝试验块进行计算，对比分析了反演结果与实测数据，并进一步修正了计算模型；② 对快速施工试验段的不同工况进行了仿真计算，将各工况两两对比并根据各工况的特点进行了详细分析。

本书得到了国家自然科学青年基金项目“基于场协同理论的混凝土温度场与水管冷却场换热机理研究”(51309101)和河南省产学研合作项目(182107000031)以及河南省重大科技攻关项目(172102210372)的资助，特此表示感谢。

由于作者水平有限，书中难免存在不足之处，请读者批评、指正。

作者

2019年4月

目录

第1章 绪论

本书以GD碾压混凝土坝为例，通过叙述混凝土温度与应力的仿真计算方法，包括混凝土温度场的有限单元法求解、混凝土应力场的有限单元法求解、水管冷却混凝土温度场的有限元迭代求解和有限元仿真计算的单元形式等，以及混凝土热力学参数反演的原理与方法，包括参数识别方法、遗传算法原理、基本遗传算法、加速遗传算法及改进的加速遗传算法等，并结合工程实例对混凝土的温度控制以及实际工程中快速施工的防裂方法进行了系统的研究与分析。

1.1 工程概况

GD工程位于四川省凉山彝族自治州西昌市和盐源县交界的打罗村境内，系雅砻江卡拉至江河口河段水电规划五级开发方式的第三个梯级电站。GD碾压混凝土坝坝顶高程为1334.00m，最低建基面高程为1166.00m，最大坝高为168.0m，最大坝底宽为153.2m，坝顶轴线长516.0m，正常蓄水位为1330.00m。大坝混凝土总量为313.28万m^3，其中常态混凝土30.24万m^3、碾压混凝土271.54万m^3、变态混凝土11.5万m^3，钢筋制安2.52万t。

整个坝体共24个坝段，从左至右分别布置左岸挡水坝段（1～9号坝段）、左侧中孔10号坝段、河床溢流坝段（11～14号坝段）、右侧中孔15号坝段、右岸挡水坝段（16～24号坝段）组成。其中，溢流坝段布置5孔溢流表孔，每孔净宽15m，溢流堰顶高程为1311.00m；左右中孔孔口底高程为1240.00m，孔口尺寸为5m×8m。两岸挡水坝段基础垫层和坝顶为常态混凝土，坝体内廊道等孔洞周边为变态混凝土，其余均为碾压混凝土。溢流坝段溢流面、闸墩、基础垫层为常态混凝土，廊道等孔洞周边为变态混凝土，其余均为碾压混凝土；中孔坝段基础垫层、坝顶、中孔周边为常态混凝土，上游闸门井为变态混凝土，其余均为碾压混凝土；坝体上游迎水面为变态混凝土；建基面高程1166.00m以下深槽（底部深槽处最低高程为1146.00m）回填均为碾压混凝土，消力池基础深槽回填均为碾压混凝土，其余均为常态混凝土。坝基固结灌浆孔深6～8m，孔间距、排距为 3m，梅花型布置。

1.2 本书研究意义

碾压混凝土坝以温控措施相对简单和可快速连续施工为其显著特点，但国内外大量工程实践表明，碾压混凝土坝上也出现了相当多的温度裂缝。裂缝的产生和发展为大坝的安全运行埋下了隐患。因此，如何采取有效的温控措施，使碾压混凝土坝在施工过程中既能够采取厚浇筑层、短间歇期的快速施工方法，又能确保大坝在施工期和运行期不出现温度裂缝，是碾压混凝土坝全年连续施工的关键技术之一。

近年来，随着相关理论的发展和仿真数值计算技术的日臻完善，对水工结构工程混凝土裂缝成因和防裂技术的认识得到了很大的提高，通过对施工期混凝土结构常规荷载应力、温度应力、收缩应力和徐变应力的非恒定时空复杂问题的精细仿真求解，尤其是混凝土内水管冷却精确算法（水管离散单元法）的应用，已能对整个施工期乃至包括工程运行全过程进行严格意义上的数值仿真计算，其中包括工程上所遇到的各种各样的情况，如混凝土的具体施工浇筑过程、养护方式、风速变化、环境温度变化、降雨情况等的模拟，也能够仿真模拟混凝土材料的热学和力学性能与参数随龄期变化的过程，能在施工前和施工过程中预测结构中任何一点混凝土在任何时刻的温度值、应力值和预测是否会开裂等信息，提高了工程的防裂安全度。

1.3 本书研究内容

（1）坝基岩体地温初始场的确定。据坝址基岩地温实测资料或坝址河水温度的年变化规律以及坝址气象条件等进行坝址施工前初始地温场的确定，若没有现场实测地温资料则需进行坝段坝基地温场的约 30 年长时段的仿真计算分析，为坝体混凝土温度和应力的仿真分析提供计算所需的地温初始场。

（2）坝上下游水温和坝体准稳定温度场及稳定温度场的计算分析。结合该工程气象、水文和水库蓄水与运行资料，分析确定 GD 水库坝前水温的分布规律，确定运行期大坝上下游面的水温，进行坝体准稳定温度场和稳定温度场的计算分析，同时为运行期仿真计算提供合理的热学边界条件。

（3）参与施工现场试碾压块的试验工作。参与施工现场设计所提出的试碾压块的试验工作，在该试验块中添加有关内容（添加施工可能会采用的混凝土表面保温措施和内部冷却水管等，以及添加一些反演分析所需的跟踪观测的温度计），以反演大坝施工现场可能采用混凝土表面不同保温措施后的热交换系数、内部不同型号（选择 3 根不同厚度和内径的塑料质水管埋设在这一试验块中）塑料质冷却水管导热降温边界的热交换系数以及试验块实际施工混凝土绝热温升过程曲线特性参数等。这个试验可提高大坝施工混凝土温度和应力的仿真计算精度以及所提施工防裂方法的科学性和可靠性。因至今国内外还没有开发出一种能够直接测得混凝土边界热交换系数的仪器，且目前计算热交换系数的经验理论和方法还不够严密，利用试验数据和联用仿真计算及数学优化反演分析的方法来确定这些温度和应力仿真计算中的重要参数的方法，是目前解决这一边界条件问题的最好方法。

(4) 24 号岸坡坝段快速施工试验块防裂方法研究。选择 24 号岸坡坝段进行厚浇筑层和短浇筑层间歇时间的现场快速施工方法的试验研究，经研究，暂定该碾压混凝土试验坝段块的尺寸约为长 25m、宽 14m、高 9m，分两层浇筑，厚度分别为 3.0m 和 6.0m。通过这个现场试验进一步了解施工混凝土的热学和力学特性以及进一步明确安全且能够快速施工的准确内涵。在该试验块中将布置足够多的温度跟踪观测仪器，进行实际温度场反问题的反演分析和温度场及应力场的施工反馈研究。此外，在这个试验块施工前需专门对它进行快速施工防裂方法的研究。

(5) 确定典型坝段结构各代表性部位所需抗裂安全度。参考有关规范要求、大坝结构设计要求、上述试验成果和以往工程实践经验等，综合考虑和确定坝体不同混凝土区的抗裂安全度。因问题的复杂性以及 GD 高坝裂缝防止的重要性和任务的严重性，坝体不同部位易裂程度不同，甚至会明显不同，因此选择不同的抗裂安全度对坝体进行分区，其中应适当提高易裂敏感部位的抗裂要求，选用规范要求的抗裂安全度的上限值，甚至根据高精度仿真计算结果的情况将最敏感部位的抗裂安全度提高到 2.5 或更大一些。因目前已有较为成熟的水管冷却混凝土温度和应力的高精度仿真计算理论和方法，因此，针对局部区域提高抗裂安全度的要求还是容易实现的。同理，相反在坝体不易开裂的部位也可只采用规范要求的下限值或现设计所要求的最小值。

(6) 典型坝段施工防裂方法研究。选择几个典型结构形式和个性不同的坝段作为研究对象进行以下具体内容的深入研究：

1）几个所需深入研究的典型坝段选择。各选一个岸坡挡水坝段、河床溢流坝段和底孔等。

2）施工防裂方法研究。对水管冷却混凝土温度和应力采用高精度仿真计算的“水管离散单元法”进行各典型坝体的施工防裂方法研究。分别对上述不同典型坝段进行不同典型施工时段的研究，经过细致深入的研究，提出各施工时间的“科学、可靠、安全、易行和经济”的创新特色研究成果。

该法能够给出密集型水管真实导热降温的冷却效果，能够准确模拟所有影响水管冷却作用及其过程的因素，如水管布置方向、布置形式、水管材质、壁厚、管径、管长、层距（高程方向）、管距（水平向）、冷却水温及其变化、水温沿程变化、流速或流量及其变化、通水方向及其变化、开始通水时刻、通水历时（包括持续冷却）、通水分期及其过程、同层多水管独立冷却等，也能够给出任何水管在任何位置和任何时刻周边混凝土温度和应力的集中现象，包括水管内外温差、是否可能存在启裂于水管周边混凝土的裂缝等信息。这一算法的准确性要远远超过水管冷却混凝土温度和应力计算时通常采用的“水管冷却等效算法”，见表1.1。

表1.1 “水管离散单元法”与“水管冷却等效算法”比较

项目	计算方法	
	水管离散单元法	水管冷却等效算法
有限元网格中是否有冷却水管单元	有	
解题规模和计算所需时间	十分巨大	小
理论上的严密性和准确性	严密、准确	不严密
水管水平间距（管距）	准确	均化且理论不严密
水管垂直间距（层距）	准确	均化且理论不严密
水管在混凝土中的具体位置	准确	
水管布置形式	准确	
水管材质	准确	等效
水管内径	准确	准确
水管壁厚	准确	等效
进口水温	准确	准确
沿程水温	准确	
水管长度	准确	无法准确
水管流量或流速	准确	等效
开始通水时间	准确	准确
通水历时	准确	准确
水流方向	准确	
水管边界热学特性模拟	准确	等效
混凝土精细温度场包括水管周围混凝土温度的集中情况及水管内外温差等	准确	
混凝土精细应力场包括水管周围混凝土应力的集中情况	准确	

注 由于水管冷却等效算法不考虑水管的网格部分，因此，空格代表无。

3）指导现场防裂施工方法和提高施工质量的施工防裂指标研究。经对上述研究成果进行综合性整合和提炼，并补充必要的敏感性计算分析，提出直接指导现场施工的施工防裂指标，将GD碾压混凝土坝建成总体上没有结构危害性宏观裂缝的“零裂缝”示范性工程。

为了使施工防裂方法在现场能被科学严格地执行和安全地提高施工速度，在这些指标中除了规范中的合理要求外还将尽可能创新地细化和完善化。据笔者在许多个工程的施工建设中所获得的成功应用经验，这些指标应包括混凝土浇筑温度、冷却水管运行中的前述各因素（水管材质与型号、水管布置形式、冷却时间与过程、水温、流量、流向、进出口水温差等）、混凝土侧面及仓面保温方法、分缝分块方法、浇筑层厚、仓面间歇时间、拆模时间、内外温差（或梯度）、上下层温差、基础温差、水管内外温差、仓面保温和养护方法力度等，其中因有了高精度计算方法，仿真计算精度高，能够满足工程施工防裂应用要求，因此无需一味地追求大成本的低浇筑温度的要求，而应经济有机地采用多防裂措施组成的综合防裂方法，同样可达到所需的施工防裂要求的目的。

4）工程中非主流但重要和个性化突出的结构研究。对消力池厚且长的底板结构和导流墙体结构等进行个性化施工防裂方法研究，及时提出它们施工时所需的科学可靠的施工防裂方法。

（7）大坝快速施工防裂方法研究。在上述施工防裂方法研究工作的基础上再进一步开展GD大坝混凝土安全快速施工方法的研究。主要研究内容有以下几个方面：

1）厚浇筑层和短浇筑层间歇时间快速施工方法研究。据前述试验结果和采用高精度施工仿真计算方法，重点进行大坝厚浇筑层和短浇筑层间歇时间快速施工方法研究，在确保不降低防裂要求的前提下，研究是否可以将碾压混凝土坝现阶段普遍采用的3m厚浇筑层（不同部位浇筑层厚度有变）提高到4.5m甚至6.0m或更厚一点（具体厚度主要取决于现场施工模板的刚度和型号）的可能性；与此同时，研究厚浇筑层间短间歇时间的施工方法，将现在普遍采用的5～7d的浇筑层施工间歇时间缩短至3d甚至更短时间（只受混凝土硬化速度和现场施工模板改装速度的限制）。

此时，混凝土厚浇筑层内所需的施工防裂方法及其措施以及温度和应力的控制方法将通过高精度仿真计算分析来给出，达到既不裂又能显著提高施工速度的目的。显然，这样的快速施工防裂方法能够大大地缩短坝体混凝土的施工时间。例如，GD大坝高达168m，若按3m一层浇筑和层间间歇平均时间为6d计算，则总的层间间歇时间为$(168/3)\times6=336$d；而在这里的快速施工方法中，假定浇筑层平均厚度为5m，层间间歇时间为3d，则总的层间间歇时间为$(168/5)\times3=100.8$d，两者相差235.2d，如果再加上厚浇筑层过程中的节省时间，则有可能缩短2/3年的混凝土浇筑时间。预计在该工程中可力争提前半年时间发电。从理论、算法、防裂方法及所需具体防裂措施上而言，技术风险是可控的。这种厚浇筑层和短层间间歇时间的快速施工防裂方法在大坝的强约束区、弱约束区和非约束区都是可以实现的，是确定性的。进行这样的施工方法后显然可大大提高混凝土坝的施工速度，且能够直接获得巨大的方方面面的经济利益。

若还能进行厚铺筑层的短间歇时间的浇筑方法，则还可以进一步缩短大坝的建设工期。事实上这种“现代快速施工方法”适合于所有种类混凝土和所有结构形式的混凝土大坝，甚至所有混凝土结构。

2）这些科学、可靠、安全、易行、经济的快速施工防裂方法及其措施的研究和成果应用，显然也是适用于全年次高温期乃至高温期的连续施工，前提仍然是只需事先和在施工过程中做好相应可靠的具体施工防裂方法研究工作及其成果中防裂措施在现场施工中的严格落实，这显然也能加快大坝的施工速度。

（8）大坝施工过程温度观测资料动态跟踪分析和施工反馈研究。鉴于问题的复杂性、影响因素多、有些因素还会在施工现场随机出现以及该工程施工防裂要求高和问题突出（自生体积变形大、线胀系数大、工程规模大、施工速度要求快等）等特点，无疑需对大坝施工进行全过程温度动态跟踪观测，并实现第一时间准时性温度观测资料的现场实际防裂效果评价、观测数据解析和反演分析及施工防裂方法动态跟踪的施工反馈研究，最大限度地提高大坝的抗裂能力、防裂效果和防裂方法的科学性、可靠性、易行性、经济性和提高施工速度等创新特色。此外，若在施工中有个别裂缝出现，则也能迅速诊断致裂成因和避免施工过程中同类裂缝的重复出现。

混凝土温度和应力的仿真计算方法

混凝土仿真计算就是对施工过程、环境条件、材料性质变化和防裂措施等因素进行尽可能准确细致的数值模拟计算，以得到与实际情况相符合的数值解。混凝土是分层浇筑的，且混凝土的温度计算参数和变形与应力计算参数是随龄期变化的，所以计算时必须充分准确地考虑这些因素对计算的影响。下面按非稳定温度场的仿真计算和应力场的仿真计算分述之。

2.1 混凝土温度场的有限单元法求解

2.1.1 不稳定温度场的基本理论

在计算域 R 内任何一点处，不稳定温度场 $T(x, y, z, t)$ 须满足热传导连续方程：

$$\frac{\partial T}{\partial t}=a\left(\frac{\partial^2 T}{\partial x^2}+\frac{\partial^2 T}{\partial y^2}+\frac{\partial^2 T}{\partial z^2}\right)+\frac{\partial \theta}{\partial \tau} \quad [\forall (x,y,z)\in R] \tag{2.1}$$

式中：T 为混凝土温度,℃；a 为导温系数，m^2/h；θ 为绝热温升,℃；τ 为龄期，d；t 为时间，d。

初始条件：

$$T=T(x,y,z,t_0) \tag{2.2}$$

边界条件：区域 R 内的边界分为以下三类：

(1) 第一类为已知温度边界 Γ^1：

$$T(x,y,z,t)=f(x,y,z,t) \tag{2.3}$$

(2) 第二类为绝热边界 Γ^2：

$$\frac{\partial T(x,y,z,t)}{\partial n}=0 \tag{2.4}$$

(3) 第三类为表面放热边界 Γ^3：

$$-\lambda\frac{\partial T(x,y,z,t)}{\partial n}=\beta[T(x,y,z,t)-T_a(x,y,z,t)] \tag{2.5}$$

式中：β 为混凝土表面放热系数，kJ/(m^2·h·℃)；λ 为导热系数，kJ/(m·h·℃)；T_a 为环境温度，℃。

2.1.2 不稳定温度场的有限元隐式解法

利用变分原理，不稳定温度场微分控制方程式（2.1）在式（2.2）～式（2.5）定解条件下的解等价于如下泛函 $I(T)$ 的极值问题。

$$I(T)=\iiint_R\left\{\frac{1}{2}\left[\left(\frac{\partial T}{\partial x}\right)^2+\left(\frac{\partial T}{\partial y}\right)^2+\left(\frac{\partial T}{\partial z}\right)^2\right]+\frac{1}{a}\left(\frac{\partial T}{\partial t}-\frac{\partial \theta}{\partial \tau}\right)T\right\}\mathrm{d}x\mathrm{d}y\mathrm{d}z+\iint_{\Gamma^3}\frac{\beta}{\lambda}\left(\frac{T}{2}-T_a\right)T\mathrm{d}s \tag{2.6}$$

将区域 R 用有限元离散后，得

$$I(T)=\sum_e I^e=\sum_e I_1^e+\sum_e I_2^e \tag{2.7}$$

$$I_1^e=\iiint_R\left\{\frac{1}{2}\left[\left(\frac{\partial T}{\partial x}\right)^2+\left(\frac{\partial T}{\partial y}\right)^2+\left(\frac{\partial T}{\partial z}\right)^2\right]+\frac{1}{a}\left(\frac{\partial T}{\partial t}-\frac{\partial \theta}{\partial t}\right)T\right\}\mathrm{d}x\mathrm{d}y\mathrm{d}z \tag{2.8}$$

$$I_2^e=\iint_{\Gamma^3}\frac{\beta}{\lambda}\left(\frac{T}{2}-T_a\right)T\mathrm{d}s \tag{2.9}$$

在有限单元法中，每个单元内任何一点处的温度插值公式为

$$T=\sum_{i=1}^m N_i T_i \tag{2.10}$$

将式（2.10）代入式（2.6），由泛函的极值条件 $\delta I/\delta T=0$ 可得温度场求解的递推方程组，当时间坐标使用向后的差分格式时，有

$$\left([H]+\frac{1}{\Delta t_n}[R]\right)\{T_{n+1}\}-\frac{1}{\Delta t_n}[R]\{T_n\}+\{F_{n+1}\}=0 \tag{2.11}$$

其中

$$H_{ij}=\sum_e(h_{ij}^e+g_{ij}^e) \tag{2.12}$$

$$R_{ij}=\sum_e r_{ij}^e \tag{2.13}$$

$$F_i=\sum_e(-f_i^e-p_i^e) \tag{2.14}$$

$$\begin{aligned}h_{ij}^e&=\iiint_{\Delta R_i}\left(\frac{\partial N_i}{\partial x}\frac{\partial N_j}{\partial x}+\frac{\partial N_i}{\partial y}\frac{\partial N_j}{\partial y}+\frac{\partial N_i}{\partial z}\frac{\partial N_j}{\partial z}\right)\mathrm{d}x\mathrm{d}y\mathrm{d}z\\&=\int_{-1}^1\int_{-1}^1\int_{-1}^1\left(\frac{\partial N_i}{\partial x}\frac{\partial N_j}{\partial x}+\frac{\partial N_i}{\partial y}\frac{\partial N_j}{\partial y}+\frac{\partial N_i}{\partial z}\frac{\partial N_j}{\partial z}\right)|J|\mathrm{d}\xi\mathrm{d}\eta\mathrm{d}\zeta\end{aligned} \tag{2.15}$$

$$g_{ij}^e=\frac{\beta}{\lambda}\iint_{\Delta s}N_iN_j\mathrm{d}s=\frac{\beta}{\lambda}\int_{-1}^1\int_{-1}^1 N_iN_j\sqrt{E_\eta E_\zeta-E_{\eta\zeta}^2}\Big|_{\xi=\pm1}\mathrm{d}\eta\mathrm{d}\zeta \tag{2.16}$$

$$r_{ij}^{e}=\iiint_{\Delta R}\frac{1}{a}N_iN_j\,\mathrm{d}x\,\mathrm{d}y\,\mathrm{d}z=\frac{1}{a}\int_{-1}^{1}\int_{-1}^{1}\int_{-1}^{1}N_iN_j\;|J|\;\mathrm{d}\xi\mathrm{d}\eta\mathrm{d}\zeta \tag{2.17}$$

$$f_{ij}^{e}=\iiint_{\Delta R}\frac{1}{a}\left(\frac{\partial\theta}{\partial\tau}\right)_{ti}N_i\,\mathrm{d}x\,\mathrm{d}y\,\mathrm{d}z=\frac{1}{a}\left(\frac{\partial\theta}{\partial\tau}\right)_{ti}\int_{-1}^{1}\int_{-1}^{1}\int_{-1}^{1}N_i\;|J|\;\mathrm{d}\xi\mathrm{d}\eta\mathrm{d}\zeta \tag{2.18}$$

$$p_{ij}^{e}=\frac{\beta}{\lambda}\iint_{\Delta s}T_aN_i\,\mathrm{d}s=T_a\,\frac{\beta}{\lambda}\int_{-1}^{1}\int_{-1}^{1}N_i\sqrt{E_\eta E_\zeta-E_{\eta\zeta}^2}\,\Big|_{\xi=\pm1}\mathrm{d}\eta\mathrm{d}\zeta \tag{2.19}$$

2.2 混凝土应力场的有限单元法求解

2.2.1 应力求解的基本理论

混凝土在复杂应力状态下的应变增量主要包括弹性应变增量、徐变应变增量、温度应变增量、干缩应变增量和自生体积应变增量，因此有

$$\{\Delta\varepsilon_n\}=\{\Delta\varepsilon_n^e\}+\{\Delta\varepsilon_n^c\}+\{\Delta\varepsilon_n^T\}+\{\Delta\varepsilon_n^s\}+\{\Delta\varepsilon_n^0\} \tag{2.20}$$

式中：$\{\Delta\varepsilon_n^e\}$ 为弹性应变增量；$\{\Delta\varepsilon_n^c\}$ 为徐变应变增量；$\{\Delta\varepsilon_n^T\}$ 为温度应变增量；$\{\Delta\varepsilon_n^s\}$ 为干缩应变增量；$\{\Delta\varepsilon_n^0\}$ 为自生体积应变增量。

弹性应变增量 $\{\Delta\varepsilon_n^e\}$ 可由下式计算：

$$\{\Delta\varepsilon_n^e\}=\frac{1}{E(\bar{\tau}_n)}[Q][\Delta\sigma_n]\quad 其中，\bar{\tau}_n=\frac{\tau_{n-1}+\tau_n}{2} \tag{2.21}$$

式中

$$[Q]=\begin{bmatrix}1 & -\mu & -\mu & 0 & 0 & 0\\ & 1 & -\mu & 0 & 0 & 0\\ & & 1 & 0 & 0 & 0\\ & 对 & & 2(1+\mu) & 0 & 0\\ & & 称 & & 2(1+\mu) & 0\\ & & & & & 2(1+\mu)\end{bmatrix} \tag{2.22}$$

$$[Q]^{-1}=\begin{bmatrix}1 & \frac{\mu}{1-\mu} & \frac{\mu}{1-\mu} & 0 & 0 & 0\\ & 1 & \frac{\mu}{1-\mu} & 0 & 0 & 0\\ & & 1 & 0 & 0 & 0\\ & 对 & & \frac{1-2\mu}{2(1+\mu)} & 0 & 0\\ & & 称 & & \frac{1-2\mu}{2(1+\mu)} & 0\\ & & & & & \frac{1-2\mu}{2(1+\mu)}\end{bmatrix} \tag{2.23}$$

混凝土弹性模量 $E(\overline{\tau}_n)$ 一般可用双指数式估算：

$$E(\tau)=E_0(1-e^{-a\tau^b}) \quad (E_0\text{为终弹性模量}) \tag{2.24}$$

徐变应变增量 $\{\Delta\varepsilon_n^c\}$ 可由下式计算：

$$\{\Delta\varepsilon_n^c\}=\{\eta_n\}+C(t_n,\overline{\tau}_n)[Q]\{\Delta\sigma_n\} \tag{2.25}$$

其中

$$\{\eta_n\}=\sum_s(1-e^{-r_s\Delta\tau n})\{\omega_{sn}\} \tag{2.26}$$

$$\{\omega_{sn}\}=\{\omega_{s,n-1}\}e^{-r_s\Delta\tau n-1}+[Q]\{\Delta\sigma_{n-1}\}\Psi_s(\overline{\tau}_{n-1})e^{-0.5r_s\Delta\tau n-1} \tag{2.27}$$

$$C(t_n,\tau_n)=\sum_s\Psi_s(\tau)[1-e^{-r_s(t-\tau)}] \tag{2.28}$$

温度应变增量 $\{\Delta\varepsilon_n^T\}$ 由非稳定温度场计算结果求得，求出温度场后可由下式求得

$$\{\Delta\varepsilon_n^T\}=\{\alpha\Delta T_n,\alpha\Delta T_n,\alpha\Delta T_n,0,0,0\} \tag{2.29}$$

式中：α 为混凝土热变形线膨胀系数；ΔT_n 为温差。

干缩应变增量 $\{\Delta\varepsilon_n^s\}$ 可由下式计算：

$$\{\varepsilon_n^s\}=\{\varepsilon_0^s\}(1-e^{-c\tau_n^d}) \tag{2.30}$$

$$\{\Delta\varepsilon_n^s\}=\{\varepsilon_n^s\}-\{\varepsilon_{n-1}^s\} \tag{2.31}$$

式中：$\{\varepsilon_0^s\}$ 为最终干缩应变。

自生体积应变增量 $\{\Delta\varepsilon_n^0\}$ 可由试验数据拟合得到，拟合形式大多可采用与干缩应变增量相同的形式。

在任一时刻 Δt_i 内，由弹性徐变理论的基本假定可得增量形式的物理方程：

$$\{\Delta\sigma_n\}=[\overline{D}_n](\{\Delta\varepsilon_n\}-\{\eta_n\}-\{\Delta\varepsilon_n^T\}-\{\Delta\varepsilon_n^s\}-\{\Delta\varepsilon_n^0\}) \tag{2.32}$$

$$[\overline{D}_n]=\overline{E}_n[Q]^{-1} \tag{2.33}$$

$$\overline{E}_n=\frac{E(\overline{\tau}_n)}{1+E(\overline{\tau}_n)C(t_n,\overline{\tau}_n)} \tag{2.34}$$

2.2.2　应力场的有限元隐式解法

由物理方程、几何方程和平衡方程可得任一时段 Δt_i 在区域 R_i 上的有限元支配方程：

$$[K_i]\{\Delta\delta\}_i=\{\Delta P_i^G\}+\{\Delta P_i^c\}+\{\Delta P_i^T\}+\{\Delta P_i^s\}+\{\Delta P_i^0\} \tag{2.35}$$

式中：$\{\Delta\delta_i\}$ 为 R_i 混凝土区域内所有结点 3 个方向上的位移增量；$\{\Delta P_i^G\}$ 为 Δt_i 时段内外荷载引起的等效节点力增量，为变温引起的等效节点力增量；$\{\Delta P_i^c\}$ 为徐变引起的节点荷载增量；$\{\Delta P_i^T\}$ 为温度引起的节点荷载增量；$\{\Delta P_i^s\}$ 为干缩引起的等效节点力增量；$\{\Delta P_i^0\}$ 为自生体积变形引起的等效结点力增量。

由各个单元的叠加得到：

$$\{\Delta P_i^G\} = \sum_e \{\Delta P_i^{Ge}\} = \sum_e \iiint\limits_{\Delta R_i^e} [B]^T [D] \{\Delta \varepsilon^{Ge}\} \mathrm{d}x \mathrm{d}y \mathrm{d}z \tag{2.36}$$

$$\{\Delta P_i^c\} = \sum_e \{\Delta P_i^{ce}\} = \sum_e \iiint\limits_{\Delta R_i^e} [B]^T [D] \{\eta\} \mathrm{d}x \mathrm{d}y \mathrm{d}z \tag{2.37}$$

$$\{\Delta P_i^T\} = \sum_e \{\Delta P_i^{Te}\} = \sum_e \iiint\limits_{\Delta R_i^e} [B]^T [D] \{\Delta \varepsilon^{Te}\} \mathrm{d}x \mathrm{d}y \mathrm{d}z \tag{2.38}$$

$$\{\Delta\{P_i^s\} = \sum_e \{\Delta P_i^{se}\} = \sum_e \iiint\limits_{\Delta R_i^e} [B]^T [D] \{\Delta \varepsilon^{se}\} \mathrm{d}x \mathrm{d}y \mathrm{d}z \tag{2.39}$$

$$\{\Delta P_i^0\} = \sum_e \{\Delta P_i^{0e}\} = \sum_e \iiint\limits_{\Delta R_i^e} [B]^T [D] \{\Delta \varepsilon^{0e}\} \mathrm{d}x \mathrm{d}y \mathrm{d}z \tag{2.40}$$

劲度矩阵 K_i 由各个单元的劲度矩阵叠加得到

$$[K_i] = \sum_e [k^e] \tag{2.41}$$

由上述各式即可求得任意时段 Δt_i 内的位移增量 $\Delta\delta_i$，再由下式可算得 Δt_i 内各个单元的应力增量：

$$[\Delta\sigma_i] = [D][B]\{\Delta\delta_i^e\} - [D](\{\Delta\varepsilon_i^c\} + \{\Delta\varepsilon_i^T\} + \{\Delta\varepsilon_i^s\} + \{\Delta\varepsilon_i^0\}) \tag{2.42}$$

将各时段的位移、应力增量累加，即可求得任意时刻计算域的位移场和应力场：

$$\delta_i = \sum_{j=1}^{N} \Delta\delta_j \tag{2.43}$$

$$\sigma_i = \sum_{j=1}^{N} \Delta\sigma_j \tag{2.44}$$

2.3 水管冷却混凝土温度场的有限元迭代求解

2.3.1 水管冷却空间温度场

如图 2.1 所示，混凝土中有冷却水管时，混凝土表面散热与冷却水管的导热同时作用，是一个典型的空间温度场问题，其基本微分方程、初始条件和边界条件等基本理论与 2.1.1 节所述内容相同，但这里多了一个水管冷却边界。当用金属水管时，冷却水管属于强制对流换热，对流换热系数足够大，管壁可近似地视为第一类冷却边界；否则应视为第三类吸热边界，在理论上会更严密些，当为第一类冷却边界时，可用下式表示：

$$\Gamma^0 : T = T_w(t) \tag{2.45}$$

式中：$T_w(t)$ 为管内冷却水温，沿程变化，且事先只知道其入口水温；Γ^0 为水

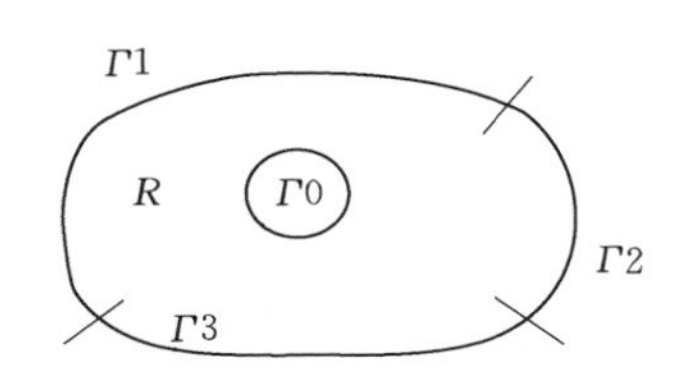

图 2.1 有水管冷却时的温度场边界条件示意图

管冷却边界（见图 2.1）。

冷却水管大多采用钢管或铝管，近年来也常用塑料质水管。当用金属水管时，采用的水管截面尺寸通常为直径 25.4mm，壁厚 1.5～1.8mm，也有大一些的管径。当用金属水管时，由于金属的导热系数远比混凝土大，管厚对冷却效果实际上影响很小，可以忽略不计。因此，在计算中可以认为管壁内外温度相同，即取金属水管的热阻近似为零，而在决算中可忽略管壁的厚度。当用塑料质水管时，当管厚很小时，也可近似地视为第一类冷却边界，计算精度足以能够满足工程精度的要求；当管厚大时，须将水管视为第三类热交换边界。

根据不稳定温度场有限单元法计算的支配方程式（2.11），由 t 时刻的温度场即可求解 $t+\Delta t$ 时刻的温度场。

2.3.2 沿程水温增量的计算

任取一段带有冷却水管的混凝土块元，如图 2.2 所示。

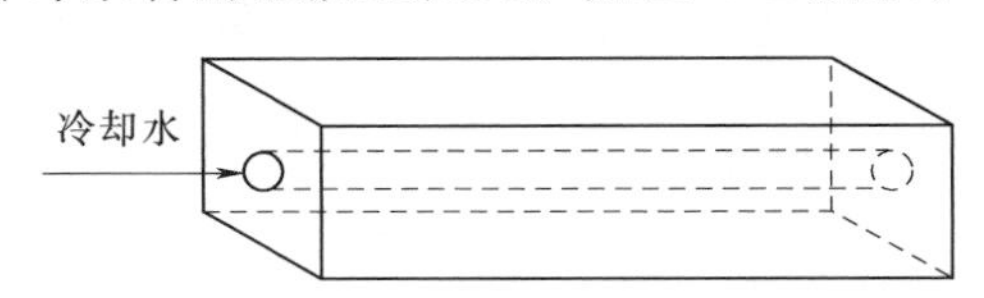

图 2.2 带有冷却水管的混凝土块元示意图

根据傅里叶热传导定律和热量平衡条件，水管壁面单位面积上的热流量为 $q=-\lambda\dfrac{\partial T}{\partial n}$。在图 2.3 中（$\mathrm{d}v$ 为水流元体），考察在 $\mathrm{d}t$ 时段内在截面 W_1 和截面 W_2 之间混凝土和管中水流之间的热量交换情况。

（1）经水管壁面 Γ^0 从混凝土向水体释放或吸收的热量为

$$\mathrm{d}Q_c=\iint_{\Gamma^0}q_i\,\mathrm{d}s\,\mathrm{d}t=-\lambda\iint_{\Gamma^0}\frac{\partial T}{\partial n}\mathrm{d}s\,\mathrm{d}t \tag{2.46}$$

（2）从水管段元入口断面 W_1 进入管中水体的热量为

$$\mathrm{d}Q_{w1}=c_w\rho_w T_{w1}q_w\,\mathrm{d}t \tag{2.47}$$

（3）从水管段元出口断面 W_2 由水体流出的热量为

$$\mathrm{d}Q_{w2}=c_w\rho_w T_{w2}q_w\,\mathrm{d}t \tag{2.48}$$

式中：q_w、c_w 和 ρ_w 分别为冷却水的流量、比热和密度；T_{w1} 和 T_{w2} 分别为水管段元的入口水温和出口水温。

（4）两个截面之间的水体由于增温或降温所增加或减少的热量为

$$\mathrm{d}Q_w=\int c_w\rho_w\left(\frac{\partial T_{wP}}{\partial t}\mathrm{d}t\right)\mathrm{d}v \tag{2.49}$$

式中：T_{wP}为截面之间水体的温度。

热量的平衡条件为

$$\mathrm{d}Q_{w2}=\mathrm{d}Q_{w1}+\mathrm{d}Q_c-\mathrm{d}Q_w \tag{2.50}$$

将式（2.46）～式（2.49）代入式（2.50），可推得式（2.51）：

$$\Delta T_{wi}=\frac{-\lambda}{c_w\rho_w q_w}\iint_{\Gamma^0}\frac{\partial T}{\partial n}\mathrm{d}s+\frac{1}{q_w}\int\frac{\partial T_{wP}}{\partial t}\mathrm{d}v \tag{2.51}$$

考虑到水管中水体的体积很小，且通常水管的入口水温与出口水温变化不是很大，对于大坝工程温控防裂问题而言，式（2.51）可简化为

$$\Delta T_{wi}=\frac{-\lambda}{c_w\rho_w q_w}\iint_{\Gamma^0}\frac{\partial T}{\partial n}\mathrm{d}s \tag{2.52}$$

具体进行有限元计算时，曲面积分$\iint_{\Gamma^0}\frac{\partial T}{\partial n}\mathrm{d}s$可沿冷却水管外缘面逐个混凝土单元地作高斯数值积分。

由于冷却水的入口温度已知，利用上述公式，对每一根冷却水管沿水流方向可以逐段推求沿程管内水体的温度。设某一根冷却水管共分成m段，入口水温为T_{w0}，第i段内水温增量为ΔT_{wi}，则显然有

$$T_{wi}=T_{w0}+\sum_{j=1}^{i}\Delta T_{wj}\qquad(i=1,2,3,\cdots,m) \tag{2.53}$$

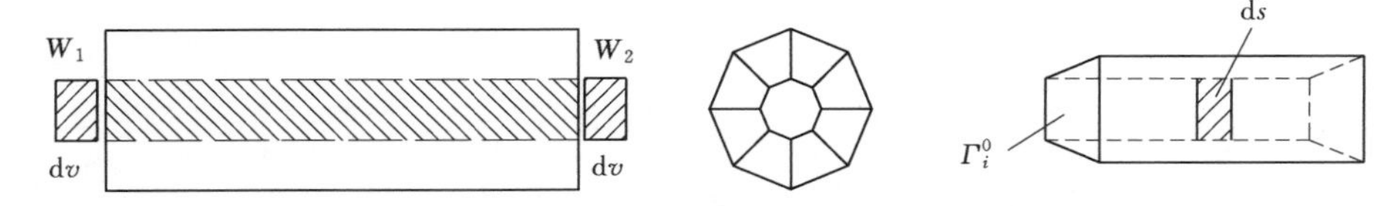

图 2.3　水管冷却水与混凝土之间的热交换示意图

2.3.3　水管冷却混凝土温度场的迭代求解

得到式（2.52）和式（2.53）的水管内水温计算公式后，在算法理论上就可严密地处理冷却水管的边界条件，但是在式（2.52）和式（2.53）中，水管沿程水温计算与边界法向温度梯度$\partial T/\partial n$有关，因此带冷却水管的混凝土温度场是一个边界非线性问题，温度场的求解无法一步得出，须采用数值迭代解法逐步逼近真解。此外，当采用塑料质水管时，水管冷却边界应为第三类热交换边界。

第一次迭代时可先假定整根冷却水管的沿程初始水温均等于冷却水的入口温度，由式（2.11）求得混凝土温度场的解后，用式（2.52）和式（2.53）得

到水管的沿程水温；再以此水温作为水管中各处水体的初始水温，重复上述过程，直到混凝土温度场和水管中冷却水温都收敛于稳定值，迭代结束。大量工程实例计算表明，该方法具有很好的收敛性。

2.4 有限元仿真计算的单元形式

对计算空间域 R 采用两种等参单元进行剖分：8 结点六面体等参单元和 6 结点五面体等参单元。

8 结点六面体等参单元的形函数为

$$N_i=\frac{1}{8}(1+\xi_i\xi)(1+\eta_i\eta)(1+\zeta_i\zeta)\qquad(i=1,2,\cdots,8)\tag{2.54}$$

式中：ξ_i、η_i 和 ζ_i 为等参单元 8 个结点的局部坐标。

6 结点五面体等参单元的形函数为

$$N_1=\frac{1}{2}(1+\zeta)(1-\xi-\eta)\tag{2.55a}$$

$$N_2=\frac{1}{2}(1+\zeta)\xi\tag{2.55b}$$

$$N_3=\frac{1}{2}(1+\zeta)\eta\tag{2.55c}$$

$$N_4=\frac{1}{2}(1-\zeta)(1-\xi-\eta)\tag{2.55d}$$

$$N_5=\frac{1}{2}(1-\zeta)\xi\tag{2.55e}$$

$$N_6=\frac{1}{2}(1-\zeta)\eta\tag{2.55f}$$

混凝土热力学参数反演原理与方法

混凝土结构温度场和应力场的仿真计算受诸多因素影响，其中之一就是施工材料特性参数的实际模拟。不同混凝土结构的导温系数 a、导热系数 λ、表面放热系数 β 和绝热温升 θ 规律都是不同的，而且同样一种混凝土结构由于环境条件（包括温度、湿度和风速等）的不同，其实际热力学参数值也可能不一样。为了使混凝土温度场和应力场的仿真计算模型能更好地反映实际情况，通过试验或必要的数值计算求得具体工程在不同环境条件下的各项热力学参数是很必要的，本书运用改进的加速遗传算法对相关参数进行反演计算。

3.1　参数辨识方法

根据问题的性质和寻找准则函数极值点算法的不同，参数辨识法可分为正法和逆法，正法和逆法都是寻求准则函数的极小点，但寻求的算法不一样。正法比逆法具有更广泛的适用性，它既适用于模型输出是参数的线性函数的情形，也适用于非线性的情况。其基本思路为：首先对待求参数指定初值，然后计算模型输出值，并和输出量测值进行比较。如果吻合良好，则假设的参数初值就是要找的参数值，否则修改参数值，重新计算模型输出值，再和量测值进行比较直到准则函数达到极小值，此时的参数值即为所要求的值。其中，模式搜索法（也称步长加速法）、变量轮换法、单纯形法、鲍威尔法等都是最优化技术中广泛应用的正法中的直接法。逆法需要有较明确的解析解，正法可以采取数值解法，在实际运用中用的更为广泛。

3.2　遗传算法原理

对于一个求函数最小值的优化问题（求函数最大值也类同），一般可描述为下述数学规划模型：

$$
\begin{cases}
\min \quad f(X) & (3.1) \\
\text{s.t} \quad X \in R & (3.2) \\
\qquad\quad R \subseteq U & (3.3)
\end{cases}
$$

式中：$X=[x_1,x_2,\cdots,x_n]^T$ 为决策变量；$f(X)$ 为目标函数；式（3.2）、式（3.3）为约束条件；U 为基本空间；R 为 U 的一个子集。

满足约束的解 X 称为可行解，集合 R 表示由所有满足约束条件的解所组成的一个集合，称为可行解集合。

对于上述最优化问题，目标函数和约束条件种类繁多，有的是线性的，有的是非线性的；有的是连续的，有的是离散的；有的是单峰值的，有的是多峰值的。随着研究的深入，人们逐渐认识到在很多复杂情况下要想完全精确地求出其最优解既不可能，也不现实，因而求出其近似最优解或满意解是人们的主要着眼点之一。

遗传算法为人们解决最优化问题提供了一个有效的途径和通用框架，开创了一种新的全局优化搜索算法。遗传算法中，将 n 维决策向量 $X=[x_1,x_2,\cdots,x_n]^T$ 用 n 个记号 $X_i(i=1,2,\cdots,n)$所组成的符号串 X 来表示：

$$X=X_1X_2\cdots X_n \Rightarrow X=[x_1,x_2,\cdots,x_n]^T$$

把每一个 X_i 看作一个遗传基因，它的所有可能取值称为等位基因，这样，X 就可看作是由 n 个遗传基因所组成的一个染色体。一般情况下，染色体长度 n 是固定的，但对一些问题 n 也可以是变化的。根据不同的情况，这里的等位基因可以是一组整数，也可以是某一范围内的实数值，或者是纯粹的一个记号。最简单的等位基因是由 0 和 1 这两个整数组成的，相应的染色体就表示为一个二进制符号串。这种编码所形成的排列形式 X 是个体的基因型，与它对应的 X 值是个体的表现型。通常个体的表现型和其基因型是一一对应的，但有时也允许基因型和表现型是多对一的关系。染色体 X 也称为个体 X，对于每一个个体 X，要按照一定的规则确定出其适应度。个体的适应度与其对应的个体表现型 X 的目标函数值相关联，X 越接近目标函数的最优点，其适应度越大；反之，其适应度越小。

遗传算法中，决策变量 X 组成了问题的解空间。对问题最优解的搜索是通过对染色体 X 的搜索过程来进行的，从而由所有的染色体 X 就组成了问题的搜索空间。

生物的进化是以集团为主体的。与此相对应，遗传算法的运动对象是由 M 个个体所组成的集合，称为种群。与生物代代的自然进化过程相类似，遗传算法的运算过程也是一个反复迭代的过程，第 t 代种群记做 $P(t)$，经过一代遗传和进化后，得到第 $t+1$ 代种群，它们也是由多个个体组成的集合，记做 $P(t+1)$。这个群体不断地经过遗传和进化操作，并且每次都按照优胜劣汰的规则将适应度较高的个体更多地遗传到下一代，这样最终在群体中将会得到一个优良

的个体 X，它所对应的表现型 X 将达到或接近于问题的最优解 X^*。

生物的进化过程主要是通过染色体之间的交叉和染色体的变异来完成的。与此相对应，遗传算法中最优解的搜索过程也模仿生物的这个进化过程，使得所谓的遗传算子作用于种群 $P(t)$ 中，从而得到新一代种群 $P(t+1)$。

(1) 选择：根据各个个体的适应度，按照一定的规则或方法，从第 t 代种群 $P(t)$ 中选择出一些优良的个体遗传到下一代种群 $P(t+1)$ 中。

(2) 交叉：将种群 $P(t)$ 内的各个个体随机搭配成对，对每一对个体，以某个概率（称为交叉概率）交换它们之间的部分染色体。

(3) 变异：对种群 $P(t)$ 中的每一个个体，以某一概率（称为变异概率）改变某一个或某一些基因座上的基因为其他的等位基因。

3.3 基本遗传算法

1. 编码

遗传算法中表示参数向量结构的常用编码方式有 3 种，即二进制编码、格雷编码和浮点编码。3 种编码方式相比，浮点编码长度等于参数向量的维数，达到同等精度要求的情况下，编码长度远小于二进制编码和格雷编码，并且浮点编码使用计算变量的真实值，无需数据转换，便于运用，因此本书采用浮点编码方式。

2. 初始化过程

设 n 为初始种群数目，随机产生 n 个初始染色体。对于一般反分析问题，很难给出解析的初始染色体，通常采用以下方法：给定可行集 $\boldsymbol{\Phi}=\{(\phi_1,\phi_2,\cdots,\phi_m)\mid \phi_k\in[a_k,b_k],k=1,2,\cdots,m\}$，其中，$m$ 为染色体基因数，即本书中的反分析参数个数，$[a_k, b_k]$ 是向量 $(\phi_1, \phi_2, \cdots, \phi_m)$ 第 k 维参变量 ϕ_k 的限制条件。在可行集 $\boldsymbol{\Phi}$ 中选择一个合适内点 $\boldsymbol{V}_0$，并定义大数 M，在 R^m 中取一个随机单位方向向量 $\boldsymbol{D}$，即 $\|\boldsymbol{D}\|=1$，记 $\boldsymbol{V}=\boldsymbol{V}_0+M\cdot\boldsymbol{D}$，若 $\boldsymbol{V}\in\boldsymbol{\Phi}$，则 $\boldsymbol{V}$ 为一合格的染色体，否则置 M 为 0 和 M 之间的一个随机数，至 $\boldsymbol{V}\in\boldsymbol{\Phi}$ 为止。重复上述过程 n 次，获取 n 个合格的初始染色体 $\boldsymbol{V}_1$，$\boldsymbol{V}_2$，…，$\boldsymbol{V}_n$。

3. 构造适应度函数

构造适应度函数是遗传进化运算的关键，应根据具体的问题构造合适的适应度评价函数，关键是引导遗传进化运算向获取优化问题的最优解方向进行。本书建立基于序的适应度评价函数，让染色体 $\boldsymbol{V}_1$，$\boldsymbol{V}_2$，…，$\boldsymbol{V}_n$ 按个体目标函数值的大小降序排列，使得适应性强的染色体被选择产生后代的概率更大。设 $\alpha\in(0,1)$，定义基于序的适应度评价函数为

$$\mathrm{eval}(\boldsymbol{V}_i)=\alpha(1-\alpha)^{i-1}\qquad(i=1,2,\cdots,n)\tag{3.4}$$

4. 选择算子

本书采用回放式随机采样方式，以旋转赌轮 n 为基础，每次旋转都以建立的适应度评价函数为基础，为子代种群选择一个染色体。具体操作过程如下：

(1) 计算累积概率 p_i，$p_i=\sum_{j=1}^{i}\text{eval}(V_j)(i=1,2,\cdots,n)$，$p_0=0$。

(2) 从区间 $(0,p_n)$ 中产生一个随机数 θ。

(3) 若 $\theta\in(p_{i-1},p_i)$，选择 V_i 进入子代种群。

(4) 重复步骤 (2) 和步骤 (3) 共 n 次，从而得到子代种群所需的 n 个染色体。

5. 交叉算子

交叉算子是使种群产生新个体的主要方法，其作用是在不过多破坏种群优良个体的基础上，有效产生一些较好个体。本书采用线性交叉的方式，依据交叉概率 P_c 随机产生父代个体，并两两配对，对任一组参与交叉的父代个体 (V_i^l, V_j^l)，产生的子代个体 (V_i^{l+1}, V_j^{l+1}) 为

$$\begin{cases}V_i^{l+1}=\lambda V_j^l+(1-\lambda)V_i^l\\ V_j^{l+1}=\lambda V_i^l+(1-\lambda)V_j^l\end{cases}\tag{3.5}$$

式中：λ 为进化变量，由进化代数决定，$\lambda\in(0,1)$；l 为进化代数。

6. 变异算子

变异算子的主要作用是改善算法的局部搜索能力，维持种群的多样性，防止出现早熟现象，本书采用非均匀算子进行种群变异运算。依据变异概率 P_m 随机参与变异的父代个体 $V_i^l=(v_1^l,v_2^l,\cdots,v_m^l)$，对每个参与变异的基因 v_k^l，若该基因的变化范围为 $[a_k, b_k]$，则变异基因值 v_k^{l+1} 由下式决定：

$$v_k^{l+1}=\begin{cases}v_k^l+f(l,b_k-\delta_k),\text{rand}(0,1)=0\\ v_k^l+f(l,\delta_k-a_k),\text{rand}(0,1)=1\end{cases}\tag{3.6}$$

式中：rand (0, 1) 为以相同概率从 {0, 1} 中随机取值；δ_k 为第 k 个基因微小扰动量；$f(l,x)$为非均匀随机分布函数。

$f(l,x)$按下式定义：

$$f(l,x)=x[1-y^{\mu(1-l/L)}]\tag{3.7}$$

式中：x 为分布函数参变量；y 为 (0, 1) 区间上的随机数；μ 为系统参数，本书取 $\mu=2.0$；l 为允许最大进化代数。

3.4 加速遗传算法

遗传算法从可行解集组成的初始种群出发，同时使用多个可行解进行选择、交叉和变异等随机操作，使得遗传算法在隐含并行多点搜索中具备很强的全局搜索能力。也正因为如此，基本遗传算法的局部搜索能力较差，对搜索空间变

化适应能力差，并且易出现早熟现象。为了在一定程度上克服上述缺陷，控制进化代数，降低计算工作量，需要引入加速遗传算法。加速遗传算法是在基本遗传算法的基础上，利用最近两代进化操作产生的优秀个体的最大变化区间重新确定基因的限制条件，重新生成初始种群，再进行遗传进化运算。如此循环，可以进一步充分利用进化迭代产生的优秀个体，可快速压缩初始种群基因控制区间的大小，提高遗传算法的运算效率。

3.5 改进的加速遗传算法

加速遗传算法和基本遗传算法相比，虽然进化迭代的速度和效率有所提高，但并没有从根本上解决算法局部搜索能力低及早熟收敛的问题，另外，基本遗传算法和加速遗传算法都未能解决存优的问题。因此，本书在此基础上提出了改进的加速遗传算法，改进算法的核心是：①按适应度对染色体进行分类操作，分别按比例 x_1、x_2、x_3 将染色体分为最优染色体、普通染色体和最劣染色体，$x_1+x_2+x_3=1$，一般 $x_1\leqslant5\%$、$x_2\leqslant85\%$、$x_3\leqslant10\%$，取值和进化代数 l 有关，最优染色体直接复制，普通染色体参与交叉运算，最劣染色体参与变异运算，从而产生拟子代种群，这主要解决存优问题及提高算法的局部搜索能力；②引入小生境淘汰操作，先将分类操作前记忆的前 NR 个个体和拟子代种群合并，再对新种群两两比较海明距离，令 $NT=NR+n$ 定义海明距离：

$$s_{ij}=\|V_i-V_j\|=\sqrt{\sum_{k=1}^{m}(v_{ik}-v_{jk})^2}$$

$$(i=1,2,\cdots,NT-1;j=i+1,\cdots,NT) \tag{3.8}$$

设定 S 为控制阈值，若 $s_{ij}<S$，则比较 $\{\boldsymbol{V}_i,\ \boldsymbol{V}_j\}$ 个体间适应度大小，对适应度较小的个体处以较大的罚函数，极大地降低其适应度，这样受到惩罚的个体在后面的进化过程中被淘汰的概率极大，从而保持种群的多样性，抑制早熟收敛现象。

此外，本书对通常的种群收敛判别条件提出改进，设第 l 代和第 $l+1$ 代运算并经过优劣降序排列后前 NS 个［一般取 $NS=(5\%\sim10\%)n$］个体的目标函数值分别为 f_1^l，f_2^l，…，f_{NS}^l 和 f_1^{l+1}，f_2^{l+1}，…，f_{NS}^{l+1}，记

$$EPS=n_1\widetilde{f}_1+n_2\widetilde{f}_2 \tag{3.9}$$

其中

$$\widetilde{f}_1=\left|NS\cdot f_1^{l+1}-\sum_{j=1}^{NS}f_j^{l+1}\right|/(NS\cdot f_1^{l+1})$$

$$\widetilde{f}_2=\sum_{j=1}^{NS}\left|(f_j^{l+1}-f_j^l)/f_j^{l+1}\right|$$

式中：n_1 为同一代种群早熟收敛指标控制系数；n_2 为不同进化代种群进化收敛

控制系数。

根据这一改进的加速遗传算法编制了相应的温度场反分析计算程序。温度场热力学参数反分析流程如图 3.1 所示。

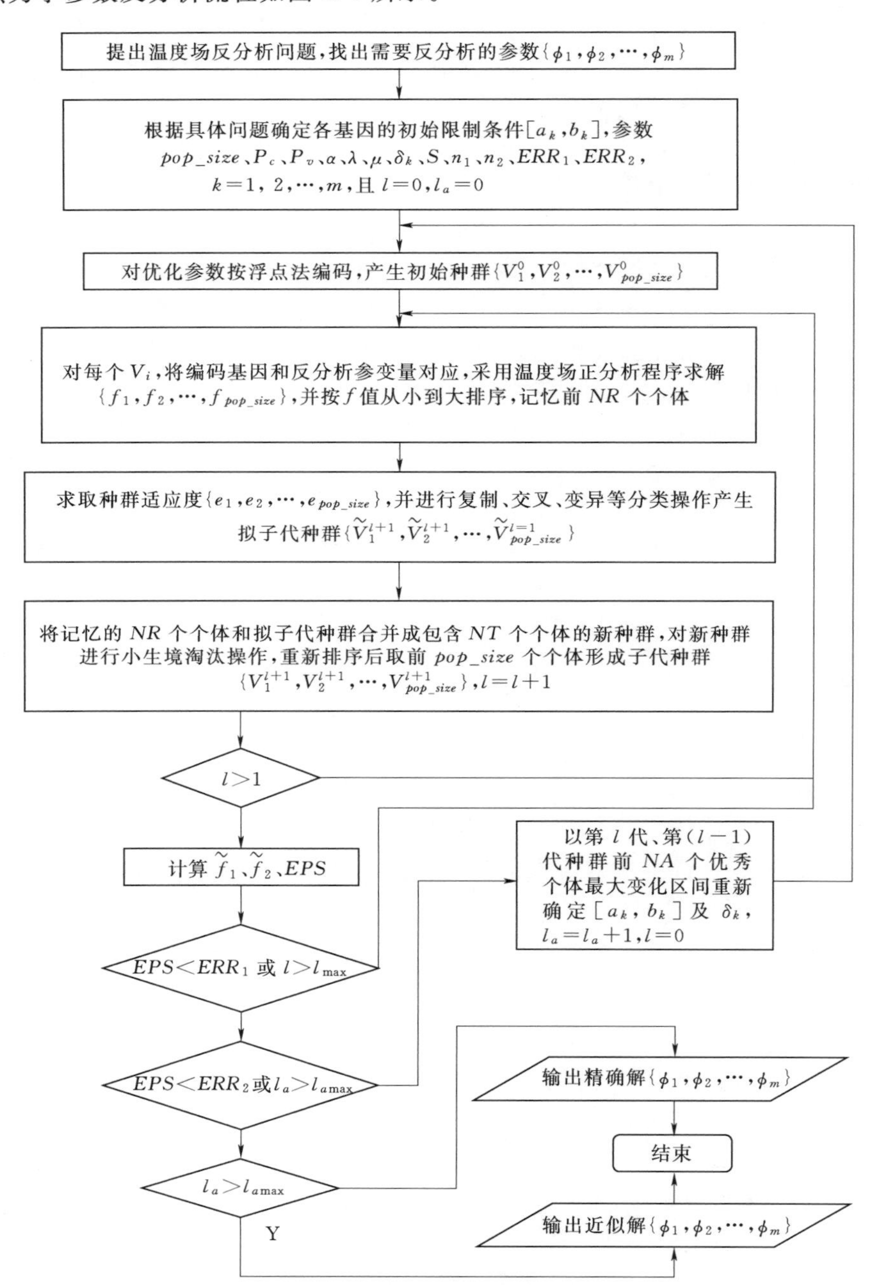

图 3.1 温度场热力学参数反分析流程图

GD 碾压混凝土坝坝区基本资料

4.1　气象资料

坝区多年月平均气温变化计算拟合公式见式（4.1），坝区多年月极端最高气温计算拟合公式见式（4.2），图 4.1 为仿真计算所采用的气温变化规律。坝区各月日气温变幅及仿真计算取值见表 4.1，各月平均气温骤降次数统计结果见表 4.2。

$$\begin{cases} T_a(t)=16.6+7\cos\left[\dfrac{\pi}{6}(t-5.2)\right] & (t \text{ 为 } 1—4 \text{ 月}) \\ T_a(t)=22.85 & (t \text{ 为 } 5—8 \text{ 月}) \\ T_a(t)=16.25+7.6\cos\left[\dfrac{\pi}{6}(t-7.6)\right] & (t \text{ 为 } 9—12 \text{ 月}) \end{cases} \tag{4.1}$$

$$\begin{cases} T_{em}(t)=33.5+8.0\cos\left[\dfrac{\pi}{6}(t-5.2)\right] & (t \text{ 为 } 1—3 \text{ 月}) \\ T_{em}(t)=39.10 & (t \text{ 为 } 4—7 \text{ 月}) \\ T_{em}(t)=33.1+5.4\cos\left[\dfrac{\pi}{6}(t-7.2)\right] & (t \text{ 为 } 7—12 \text{ 月}) \end{cases} \tag{4.2}$$

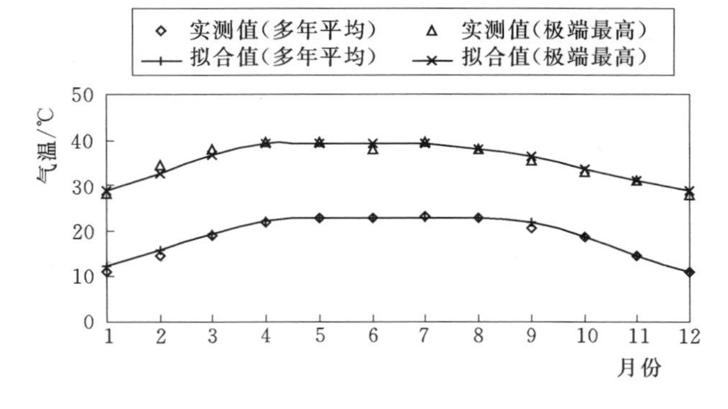

图 4.1　GD 大坝坝区气温变化过程

表 4.1 打罗气象站日气温变幅及仿真计算取值

月份	1	2	3	4	5	6	7	8	9	10	11	12	总计
15～20℃	18	11	17	16	11	5	5	6	10	15	15	24	153
20℃以上	1	13	5	7	0	0	0	1	0	0	0	2	29
仿真计算取值/℃	20	23	22	21	16	15	15	15	16	18	18	20	

表 4.2 打罗气象站平均气温骤降次数统计结果

平均降温幅度		1月	2月	3月	4月	5月	6月	7月	8月	9月	10月	11月	12月	总计
2日	6～8℃	0.17	0.33	0	0.33	0.50	0	0	0	0	0	0.14	0	1.47
	8～10℃	0	0	0.17	0.17	0	0	0	0	0	0	0	0	0.34
	10℃以上	0	0	0.17	0	0	0	0	0	0	0	0	0	0.17
3日	6～8℃	0.50	0.50	0.50	1	1.83	0.71	0	0	0.29	0.29	0.29	0	5.91
	8～10℃	0	0.33	0.17	0.50	1.17	0	0	0	0	0	0	0	2.17
	10℃以上	0	0	0.50	0	0	0	0	0	0	0	0	0	0.50
4日	6～8℃	0.67	0.83	0.83	1.67	2.67	1.57	0	0	0.57	0.43	0.57	0	9.81
	8～10℃	0	0.50	0.83	1	1.83	0.14	0	0	0	0	0	0	3.94
	10℃以上	0	0.17	0.83	0	0.33	0	0	0	0	0	0	0	1.33

4.2 库水水温

库水水温计算参数见表 4.3，库水水温沿高程变化情况如图 4.2 所示。

表 4.3 水库水温计算参数

表面年平均水温 T_s/℃	库底年平均水温 T_b/℃	水库水温年变幅 A_0/℃	最大库水深度 H/m	$g=e^{0.04H}$	$c=(T_b \cdot T_s g)/(1-g)$
17.10	7.0	6.0	164.0	0.368	3.538

任意深度的年平均水温：$T_m(y)=c+(T_s-c)e^{-0.04y}$。

水温年变幅：$A(y)=A_0e^{-0.018y}$。

水温相位差：$\varepsilon=2.15-1.30e^{-0.085y}$。

任意深度的水温变化：$T(y,\tau)=T_m(y)+A(y)\cos\left[\frac{\pi}{6}(\tau-6.5-\varepsilon)\right]$。

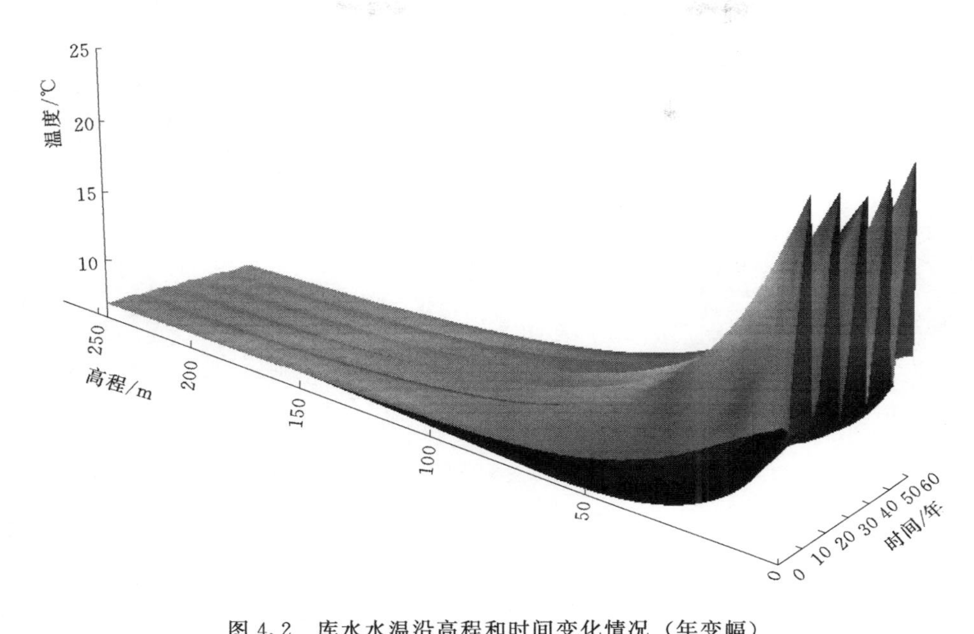

图 4.2　库水水温沿高程和时间变化情况（年变幅）

4.3　基岩的热学和力学特性参数

GD 碾压混凝土坝的基础岩体仿真计算参数见表 4.4。

表 4.4　基础岩体仿真计算参数

导热系数 λ /[kJ/(m·h·℃)]	比热 c /[kJ/(kg·℃)]	导温系数 a /(m^2/h)	线胀系数 α /(10^{-6}/℃)	弹性模量 E_0 /GPa	泊松比 μ	密度 ρ /(kg/m^3)
6.91	0.552	0.00417	10.0	35.0	0.24	3000

注　比热由公式 $c=\lambda/a\rho$ 获得。

基岩表面热交换系数按粗糙表面处理，其取值根据仿真计算时段并结合风速资料，由文献［1］估算。

4.4　混凝土试验推荐配合比

GD 大坝分区情况见表 4.5，各分区混凝土推荐配合比见表 4.6～表 4.10。

表 4.5　　GD 碾压混凝土坝分区情况

混凝土种类	分区编号	强度等级	级配	抗渗等级	抗冻等级	浇筑部位
				90	90	
常态混凝土	CⅠ	$C_{90}25$	三	W8	F100	1240.00m 高程以下建基面
	CⅡ	$C_{90}20$	三	W8	F100	1240.00m 高程以上建基面
	CⅢ	$C_{28}50$	三	W6	F100	溢流表面、中孔明槽段周边，导墙表面抗冲耐磨部位
	CⅣ	$C_{28}25$	三	W6	F100	导墙、中孔周边部位
	CⅤ	$C_{28}35$	三	W6	F100	溢流坝闸墩
	CⅥ	$C_{28}40$	三	W6	F100	消力池抗冲磨部位
碾压混凝土	RⅡ	$C_{90}25$	三	W6	F50	高程 1200.00m 以下坝体
	RⅡ	$C_{90}20$	三	W6	F50	高程 1200.00～1284.00m：消力池回填
	RⅢ	$C_{90}15$	三	W4	F50	高程 1284.00m 以上
	RⅤ	$C_{90}20$	二	W6	F100	坝体上游面高程 1284.00m 以上
	RⅣ	$C_{90}25$	二	W8	F100	坝体上游面高程 1284.00m 以下
变态混凝土	CbⅠ	$C_{90}25$	二	W10	F100	坝体上游面高程 1284.00m 以下
	CbⅡ	$C_{90}20$	二	W8	F100	坝体上游面高程 1284.00m 以上
	CbⅢ	$C_{90}25$	三	W8	F100	大坝内部高程 1200.00m 以下电梯井周边，廊道周边
	CbⅣ	$C_{90}20$	三	W6	F50	大坝内部高程 1200.00～1284.00m，电梯井周边，廊道周边
	CbⅤ	$C_{90}15$	三	W6	F50	大坝内部高程 1285.00m 以上电梯井周边，廊道周边

表 4.6　　GD 碾压混凝土坝常态混凝土推荐配合比

分区编号	强度等级	级配	材料用量/(kg/m³)							总计/(kg/m³)
			水	水泥	粉煤灰	砂	石	减水剂	引气剂	
CⅠ	$C_{90}25$	三	102.000	132.200	56.700	698.800	1664.300	1.322	0.023	2655.345
CⅡ	$C_{90}20$	三	104.000	125.500	53.800	723.300	1643.100	1.255	0.022	2650.977
CⅣ	$C_{28}25$	三	100.000	155.600	66.700	667.600	1668.200	1.556	0.027	2659.683
CⅤ	$C_{28}35$	三	98.000	211.900	53.000	636.400	1670.400	1.854	0.032	2671.586

注　水泥采用嘉华 42.5 中热硅酸盐水泥，粉煤灰采用甘肃平凉Ⅱ级粉煤灰，减水剂采用山东华伟 NOF-2B 缓凝减水剂（掺量 0.7%），引气剂采用江苏博特 JM-2000C 引气剂。

表 4.7 GD碾压混凝土坝常态混凝土推荐配合比

分区编号	强度等级	级配	材料用量/(kg/m³)							总计/(kg/m³)
			水	水泥	粉煤灰	砂	石	减水剂	引气剂	
CⅠ	$C_{90}25$	三	107.000	138.700	59.400	690.800	1645.200	1.387	0.024	2642.511
CⅡ	$C_{90}20$	三	109.000	131.600	56.400	715.200	1624.900	1.316	0.023	2638.439
CⅣ	$C_{28}25$	三	105.000	163.300	70.000	659.200	1647.200	1.633	0.028	2646.361
CⅤ	$C_{28}35$	三	103.000	222.700	55.700	628.400	1649.400	1.949	0.033	2661.182

注 水泥采用嘉华42.5中热硅酸盐水泥，粉煤灰采用曲靖Ⅱ级粉煤灰，减水剂采用山东华伟NOF－2B缓凝减水剂（掺量0.7%），引气剂采用江苏博特JM－2000C引气剂。

表 4.8 GD大坝碾压混凝土推荐配合比（方案一）

分区编号	强度等级	级配	材料用量/(kg/m³)							总计/(kg/m³)
			水	水泥	粉煤灰	砂	石	减水剂	引气剂	
RⅠ	$C_{90}25$	三	84.000	89.400	89.400	823.500	1631.600	1.252	0.107	2719.259
RⅡ	$C_{90}20$	三	85.000	76.800	86.600	851.900	1624.800	1.144	0.098	2726.342
RⅢ	$C_{90}15$	三	86.000	70.400	86.000	877.600	1592.400	1.095	0.094	2713.589
RⅣ	$C_{90}25$	二	94.000	100.000	100.000	924.400	1475.800	1.400	0.120	2695.72
RⅤ	$C_{90}20$	二	95.000	91.300	91.300	954.300	1461.100	1.278	0.110	2694.388

注 1. 采用嘉华42.5中热硅酸盐水泥、甘肃平凉Ⅱ级粉煤灰、浙江龙游ZB.1Rcc15缓凝剂（掺量0.70%）、江苏博特JM－2000C引气剂（掺量0.06%）、打罗砂石加工系统生产的竹子坝玄武岩人工骨料。
2. 二级配人工粗骨料级配为：中石：小石＝50：50（剔除超逊径，下同）。三级配人工粗骨料级配为：大石：中石：小石＝35：35：30。
3. 人工砂石粉掺量控制在17%～19%，细度模数控制在2.7～2.9。
4. 碾压混凝土*VC*值控制在3～5s，含气量控制在3.0%～5.0%。
5. 若采用云南曲靖Ⅱ级粉煤灰，则用水量相应增加5～7kg。

表 4.9 GD大坝碾压混凝土推荐配合比（方案二）

分区编号	强度等级	级配	材料用量/(kg/m³)							总计/(kg/m³)
			水	水泥	粉煤灰	砂	石	减水剂	引气剂	
RⅠ	$C_{90}25$	三	84.000	84.000	102.700	804.900	1584.100	1.307	0.112	2661.119
RⅡ	$C_{90}20$	三	85.000	76.500	93.500	833.900	1570.000	1.190	0.102	2660.192
RⅢ	$C_{90}15$	三	86.000	62.500	93.800	861.000	1551.800	1.094	0.094	2656.288

续表

分区编号	强度等级	级配	材料用量/(kg/m³)							总计/(kg/m³)
			水	水泥	粉煤灰	砂	石	减水剂	引气剂	
RⅣ	$C_{90}25$	二	94.000	100.000	100.000	907.700	1439.400	1.400	0.120	2642.620
RⅤ	$C_{90}20$	二	95.000	82.200	100.500	935.900	1423.300	1.279	0.110	2638.289

注 1. 采用嘉华42.5中热硅酸盐水泥、甘肃平凉Ⅱ级粉煤灰、浙江龙游ZB-1Rcc15缓凝剂(掺量0.70%)、江苏博特JM-2000C引气剂(掺量0.06%)、打罗砂石加工系统生产的竹子坝玄武岩人工骨料。

2. 二级配人工粗骨料级配为:中石:小石=50:50(剔除超逊径,下同)。三级配人工粗骨料级配为:大石:中石:小石=35:35:30。

3. 人工砂石粉掺量控制在17%~19%,细度模数控制在2.7~2.9。

4. 碾压混泥土*VC*值控制在3~5s,含气量控制在3.0%~5.0%。

5. 若采用云南曲靖Ⅱ级粉煤灰,则用水量相应增加5~7kg。

表4.10　GD碾压混凝土坝变态混凝土推荐配合比

分区编号	强度等级	级配	水胶比		材料用量/(kg/m³)							总计/(kg/m³)
					水	水泥	粉煤灰	砂	石	减水剂	引气剂	
CbⅠ	$C_{90}25$	二	本体	0.470	94.000	100.000	100.000	924.400	1475.800	1.400	0.120	2799.603
			浆体	0.440	527.000	598.000	598.000	—	—	8.380	—	
CbⅡ	$C_{90}20$	二	本体	0.520	95.000	91.300	91.300	954.300	1461.100	1.278	0.110	2797.053
			浆体	0.490	553.000	564.000	564.000	—	—	7.890	—	
CbⅢ	$C_{90}25$	三	本体	0.470	84.000	89.400	89.400	823.500	1631.600	1.252	0.107	2823.142
			浆体	0.440	527.000	598.000	598.000	—	—	8.380	—	
CbⅣ	$C_{90}20$	三	本体	0.520	85.000	76.800	86.600	851.900	1624.800	1.144	0.098	2827.676
			浆体	0.490	553.000	564.000	564.000	—	—	7.890	—	
CbⅤ	$C_{90}15$	三	本体	0.550	86.000	70.400	86.000	877.600	1592.400	1.095	0.094	2814.933
			浆体	0.490	553.000	564.000	564.000	—	—	7.890	—	

注 1. 从试验结果看,变态混凝土掺浆量6%为较优掺量,因此推荐6%为适宜掺量进行后续试验。

2. 采用嘉华42.5中热硅酸盐水泥、甘肃平凉Ⅱ级粉煤灰、浙江龙游ZB-1Rcc15缓凝剂(掺量0.70%)、江苏博特JM-2000C引气剂(掺量0.06%)、打罗砂石加工系统生产的竹子坝玄武岩人工骨料。

4.5 混凝土仿真计算资料

混凝土热学参数及线胀系数见表4.11;常态混凝土绝热温升试验结果见表4.12,碾压混凝土绝热温升试验结果见表4.13,大坝各分区碾压混凝土绝热温升拟合曲线如图 4.3 所示；混凝土抗压强度和轴心抗拉强度试验结果见表 4.14，大坝各分区各种混凝土轴心抗拉强度拟合曲线如图 4.4～图 4.6 所示；混凝土劈拉强度和弹性模量见表 4.15，大坝各分区各种混凝土弹性模量拟合曲线如图 4.7～图 4.9 所示；混凝土极限拉伸试验结果见表 4.16；混凝土干缩和自生体积变形试验结果分别见表 4.17 和表 4.18，大坝各分区常态混凝土和碾压混凝土自生体积变形拟合曲线分别如图 4.10 和图 4.11 所示。

表 4.11　　混凝土热学参数及线胀系数

混凝土种类	序号	分区编号	强度等级	级配	导热系数 λ /[kJ/(m·h·℃)]	导温系数 a /(m²/h)	比热 c /[kJ/(kg·℃)]	线胀系数 α /(10^{-6}/℃)
常态混凝土	1	CⅠ	$C_{90}25$	三	9.80	0.0034	1.09	6.92
	2	CⅡ	$C_{90}20$	三	9.58	0.0033	1.10	6.80
	3	CⅣ	$C_{28}25$	三	9.63	0.0034	1.07	7.17
	4	CⅤ	$C_{28}35$	三	9.92	0.0033	1.13	7.26
常态混凝土	5	RⅠ	$C_{90}25$	三	8.58	0.0032	0.99	7.16
	6	RⅡ	$C_{90}20$	三	8.40	0.0032	0.97	7.25
	7	RⅢ	$C_{90}15$	三	8.65	0.0032	1.00	7.30
	8	RⅤ	$C_{90}20$	二	8.31	0.0031	1.00	7.14
	9	RⅣ	$C_{90}25$	二	8.67	0.0032	1.01	7.11
变态混凝土*	10	CbⅠ	$C_{90}25$	二	7.85	0.00299	0.939	7.87
	11	CbⅡ	$C_{90}20$	二	7.91	0.00300	0.944	7.86
	12	CbⅢ	$C_{90}25$	三	7.73	0.00295	0.927	7.76
	13	CbⅣ	$C_{90}20$	三	7.78	0.00295	0.932	7.75
	14	CbⅤ	$C_{90}15$	三	7.83	0.00298	0.934	7.76

注　变态混凝土的热学参数及线胀系数根据其配合比估算，其余为试验值。

表 4.12　　常态混凝土绝热温升试验结果

混凝土种类	序号	分区编号	强度等级	级配	绝热温升			
					T_0/℃	a/℃	b/℃	相关系数
常态混凝土	1	CⅠ	$C_{90}25$	三	23.5	0.212	0.913	0.996
	2	CⅡ	$C_{90}20$	三	23.0	0.202	0.900	0.995
	3	CⅣ	$C_{28}25$	三	25.3	0.193	0.905	0.996
	4	CⅤ	$C_{28}35$	三	28.0	0.209	0.936	0.996

注　绝热温升曲线采用复合指数式 $\theta(\tau)=T_0(1-e^{-a\tau^b})$，其中 T_0 为绝热温升终值，a、b 为反映温度变化规律的参数。

表 4.13 碾压混凝土绝热温升试验结果

混凝土种类	序号	分区编号	强度等级	级配	绝热温升			
					1d	7d	14d	28d
碾压混凝土	5	RⅠ	$C_{90}25$	三	2.0℃	11.9℃	15.3℃	18.2℃
	6	RⅡ	$C_{90}20$	三	1.7℃	10.9℃	14.6℃	17.5℃
	7	RⅢ	$C_{90}15$	三	1.5℃	10.5℃	14.1℃	16.6℃
	8	RⅤ	$C_{90}20$	二	2.6℃	12.2℃	16.0℃	18.5℃
	9	RⅣ	$C_{90}25$	二	3.4℃	14.7℃	17.9℃	20.3℃

注 假定最终绝热温升 $\theta_0=1.05\theta(28)$。

根据试验结果，拟合碾压混凝土的绝热温升曲线公式如下：

RⅠ：$\theta(\tau)=19.2\times(1-e^{-0.135\tau^{0.949}})$。

RⅡ：$\theta(\tau)=18.4\times(1-e^{-0.136\tau^{0.946}})$。

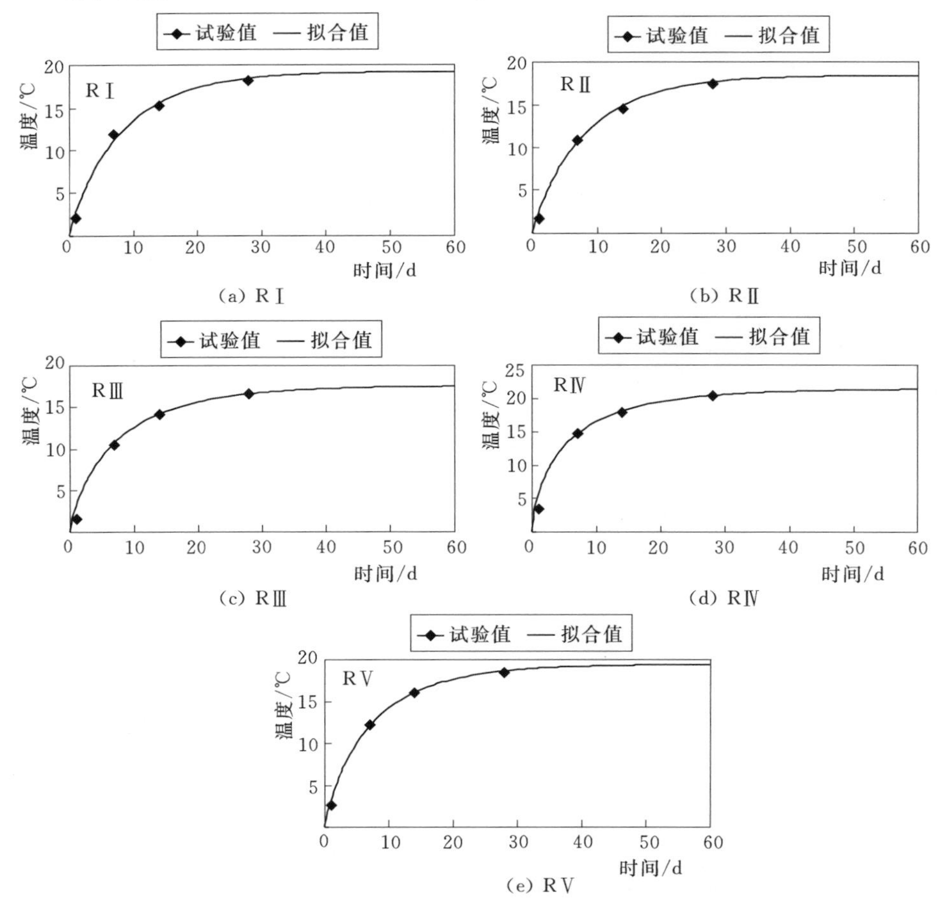

(a) RⅠ (b) RⅡ (c) RⅢ (d) RⅣ (e) RⅤ

图 4.3 大坝各分区碾压混凝土绝热温升拟合曲线

RⅢ：$\theta(\tau)=17.5\times(1-e^{-0.198\tau^{0.804}})$。

RⅣ：$\theta(\tau)=21.4\times(1-e^{-0.302\tau^{0.689}})$。

RⅤ：$\theta(\tau)=19.4\times(1-e^{-0.175\tau^{0.872}})$。

表 4.14　　混凝土抗压强度和轴心抗拉强度试验结果

混凝土种类	序号	分区编号	强度等级	级配	抗压强度/MPa			轴心抗拉强度/MPa		
					7d	28d	90d	7d	28d	90d
常态混凝土	1	CⅠ	$C_{90}25$	三	13.0	21.4	33.3	1.29	1.77	2.91
	2	CⅡ	$C_{90}20$	三	11.0	17.7	29.2	1.03	1.60	2.65
	3	CⅣ	$C_{28}25$	三	17.8	32.4	37.7	1.73	2.23	3.24
	4	CⅤ	$C_{28}35$	三	27.7	42.4	50.6	2.13	3.00	3.77
碾压混凝土	5	RⅠ	$C_{90}25$	三	12.0	21.3	30.4	1.09	1.62	2.62
	6	RⅡ	$C_{90}20$	三	9.8	17.7	26.4	0.98	1.21	2.33
	7	RⅢ	$C_{90}15$	三	8.7	16.4	21.2	0.77	1.07	2.14
	8	RⅤ	$C_{90}20$	二	11.3	18.9	26.7	0.95	1.46	2.30
	9	RⅣ	$C_{90}25$	二	12.8	21.0	29.6	1.02	1.57	2.63
变态混凝土	10	CbⅠ	$C_{90}25$	二	10.0	19.3	28.5	1.12	1.52	2.53
	11	CbⅡ	$C_{90}20$	二	7.1	15.0	23.8	0.90	1.27	2.20
	12	CbⅢ	$C_{90}25$	三	10.1	19.5	28.9	1.12	1.48	2.54
	13	CbⅣ	$C_{90}20$	三	7.8	16.7	24.0	0.82	1.19	2.21
	14	CbⅤ	$C_{90}15$	三	6.2	14.0	19.9	0.58	1.09	2.09

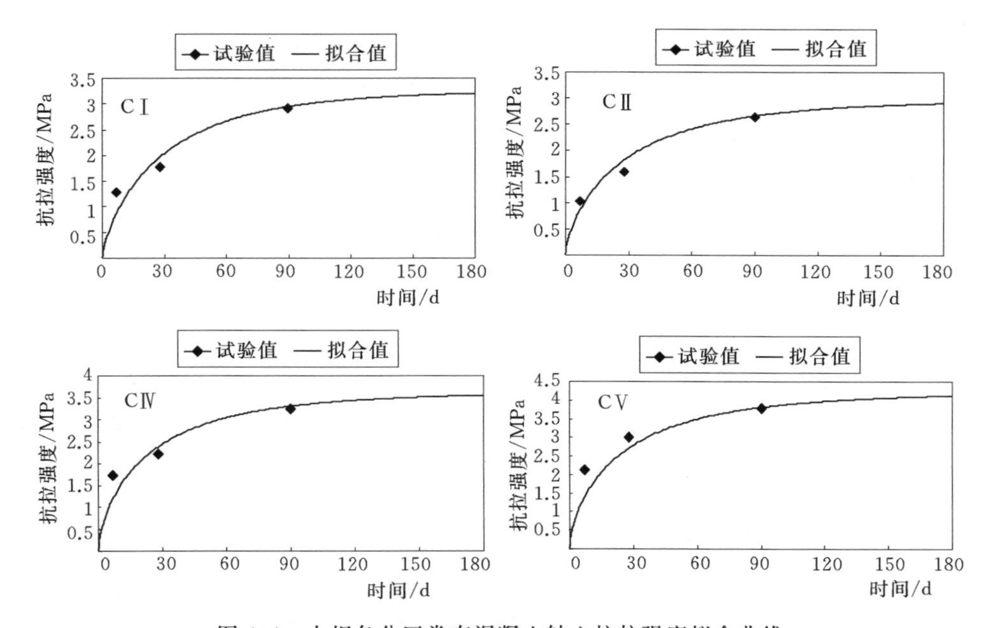

图 4.4　大坝各分区常态混凝土轴心抗拉强度拟合曲线

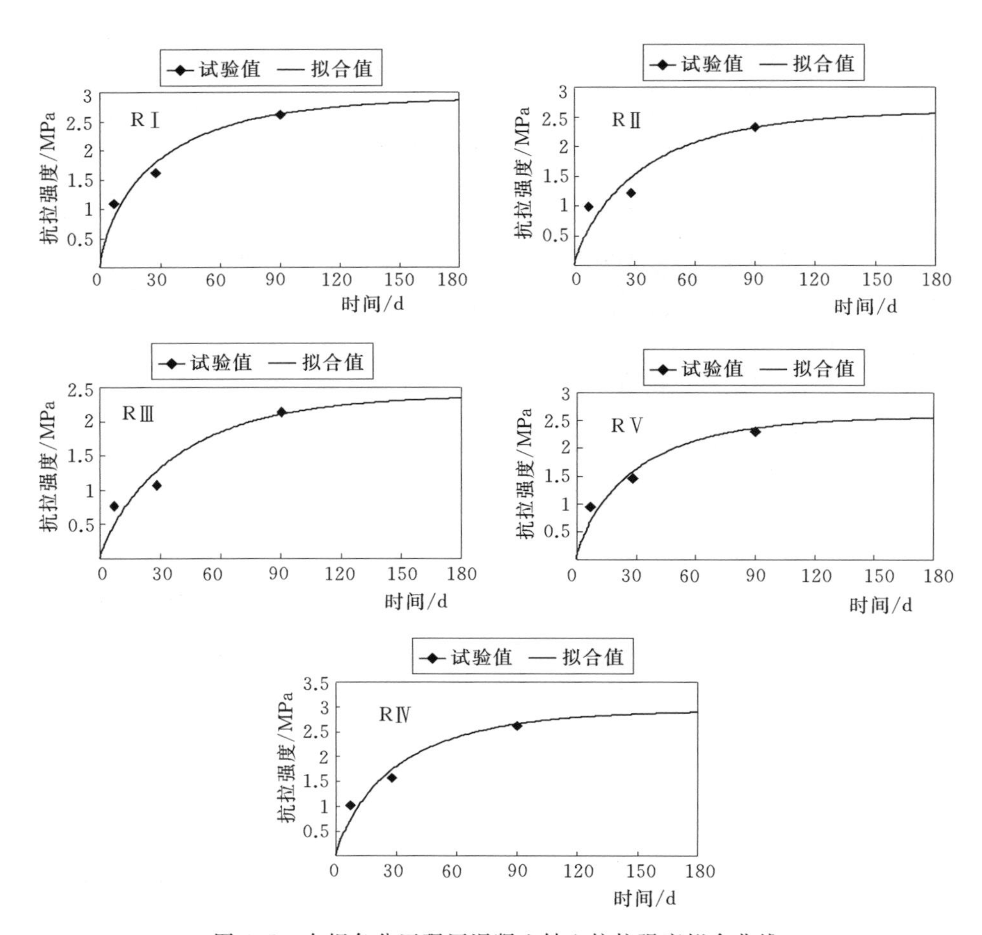

图 4.5　大坝各分区碾压混凝土轴心抗拉强度拟合曲线

根据变态混凝土本体及浆体配合比，并结合考虑其相应碾压混凝土的试验及拟合结果，给定各分区变态混凝土的绝热温升曲线公式如下：

CbⅠ：$\theta(\tau)=23.3\times(1-e^{-0.302\tau^{0.689}})$；

CbⅡ：$\theta(\tau)=21.1\times(1-e^{-0.175\tau^{0.872}})$；

CbⅢ：$\theta(\tau)=20.9\times(1-e^{-0.135\tau^{0.949}})$；

CbⅣ：$\theta(\tau)=20.1\times(1-e^{-0.136\tau^{0.946}})$；

CbⅤ：$\theta(\tau)=19.6\times(1-e^{-0.198\tau^{0.804}})$；

CⅠ：$f_t(\tau)=3.25\times(1-e^{-0.064\tau^{0.8}})$；

CⅡ：$f_t(\tau)=2.96\times(1-e^{-0.078\tau^{0.749}})$；

CⅣ：$f_t(\tau)=3.61\times(1-e^{-0.0998\tau^{0.71}})$；

CⅤ：$f_t(\tau)=4.2\times(1-e^{-0.0998\tau^{0.7}})$；

RⅠ：$f_t(\tau)=2.92\times(1-e^{-0.078\tau^{0.749}})$；

RⅡ：$f_t(\tau)=2.6\times(1-e^{-0.05\tau^{0.84}})$；

RⅢ：$f_t(\tau)=2.39\times(1-e^{-0.04\tau^{0.88}})$；

RⅤ：$f_t(\tau)=2.57\times(1-e^{-0.06\tau^{0.825}})$；

RⅣ：$f_t(\tau)=2.93\times(1-e^{-0.052\tau^{0.85}})$；

CbⅠ：$f_t(\tau)=2.82\times(1-e^{-0.077\tau^{0.74}})$；

CbⅡ：$f_t(\tau)=2.45\times(1-e^{-0.065\tau^{0.78}})$；

CbⅢ：$f_t(\tau)=2.83\times(1-e^{-0.068\tau^{0.78}})$；

CbⅣ：$f_t(\tau)=2.46\times(1-e^{-0.0515\tau^{0.84}})$；

CbⅤ：$f_t(\tau)=2.33\times(1-e^{-0.0335\tau^{0.93}})$。

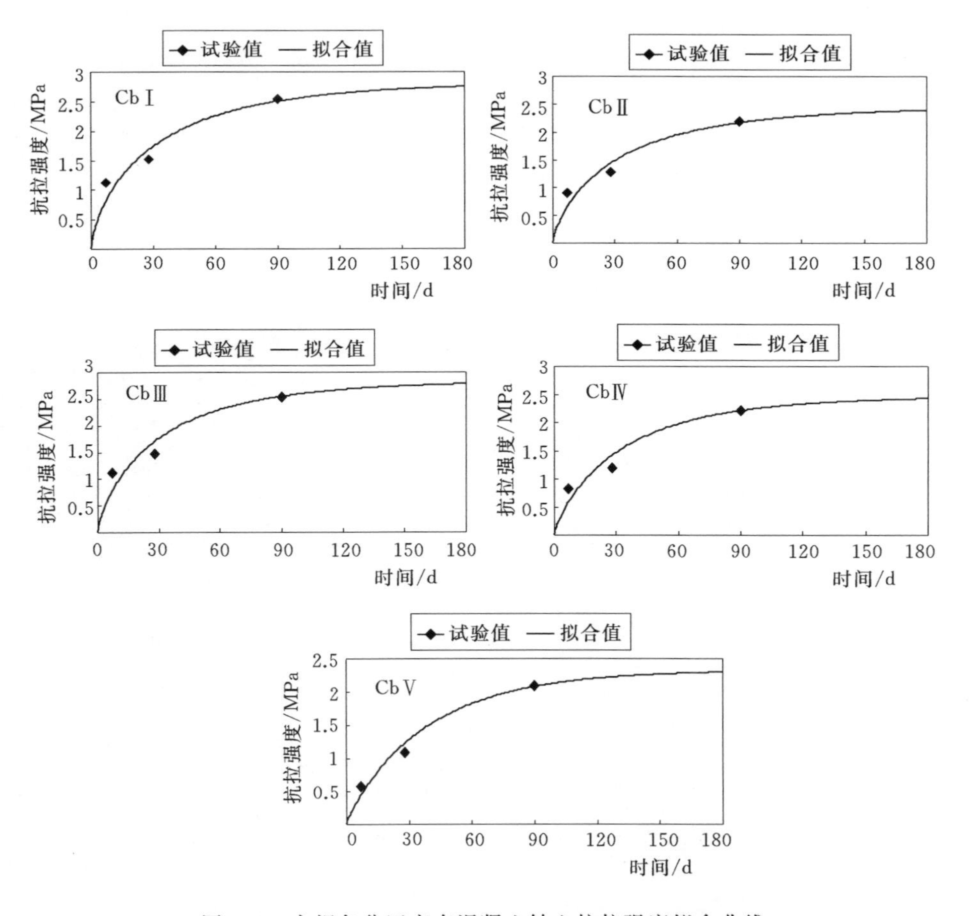

图 4.6　大坝各分区变态混凝土轴心抗拉强度拟合曲线

表 4.15 混凝土劈拉强度和弹性模量试验结果

混凝土种类	序号	分区编号	强度等级	级配	劈拉强度/MPa			弹性模量/GPa		
					7d	28d	90d	7d	28d	90d
常态混凝土	1	CⅠ	$C_{90}25$	三	1.27	1.76	2.84	22.2	27.2	32.4
	2	CⅡ	$C_{90}20$	三	1.03	1.66	2.60	21.2	24.7	28.1
	3	CⅣ	$C_{28}25$	三	1.57	2.09	3.09	25.8	32.4	36.2
	4	CⅤ	$C_{28}35$	三	2.10	2.95	3.67	32.7	38.0	39.7
碾压混凝土	5	RⅠ	$C_{90}25$	三	1.05	1.57	2.58	26.2	33.2	39.3
	6	RⅡ	$C_{90}20$	三	0.96	1.48	2.30	23.6	28.4	36.5
	7	RⅢ	$C_{90}15$	三	0.77	1.38	2.01	21.0	26.5	32.4
	8	RⅤ	$C_{90}20$	二	1.04	1.49	2.34	23.9	30.4	36.5
	9	RⅣ	$C_{90}25$	二	1.13	1.56	2.64	27.7	32.7	38.6
变态混凝土	10	CbⅠ	$C_{90}25$	二	0.92	1.65	2.54	18.9	26.8	31.3
	11	CbⅡ	$C_{90}20$	二	0.77	1.29	2.14	15.2	23.7	29.2
	12	CbⅢ	$C_{90}25$	三	1.04	1.84	2.48	19.0	26.9	31.4
	13	CbⅣ	$C_{90}20$	三	0.83	1.44	2.29	16.2	25.0	29.3
	14	CbⅤ	$C_{90}15$	三	0.64	1.18	2.06	13.8	22.9	27.1

注 变态混凝土弹性模量根据公式 $E(\tau)=\dfrac{10^5}{2.07+\dfrac{32.17}{R(\tau)}}$估算，其余为试验值。

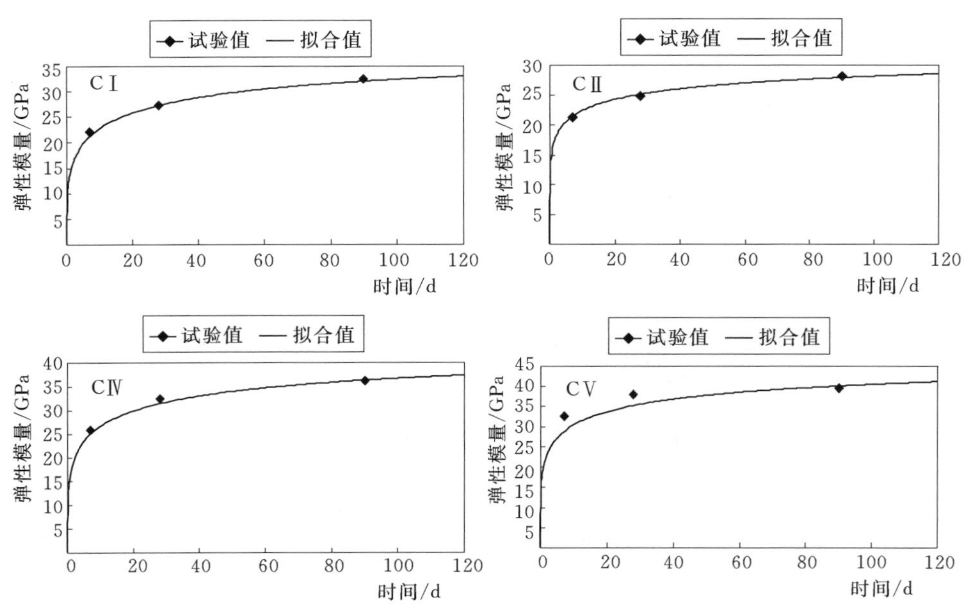

图 4.7 大坝各分区常态凝土弹性模量拟合曲线

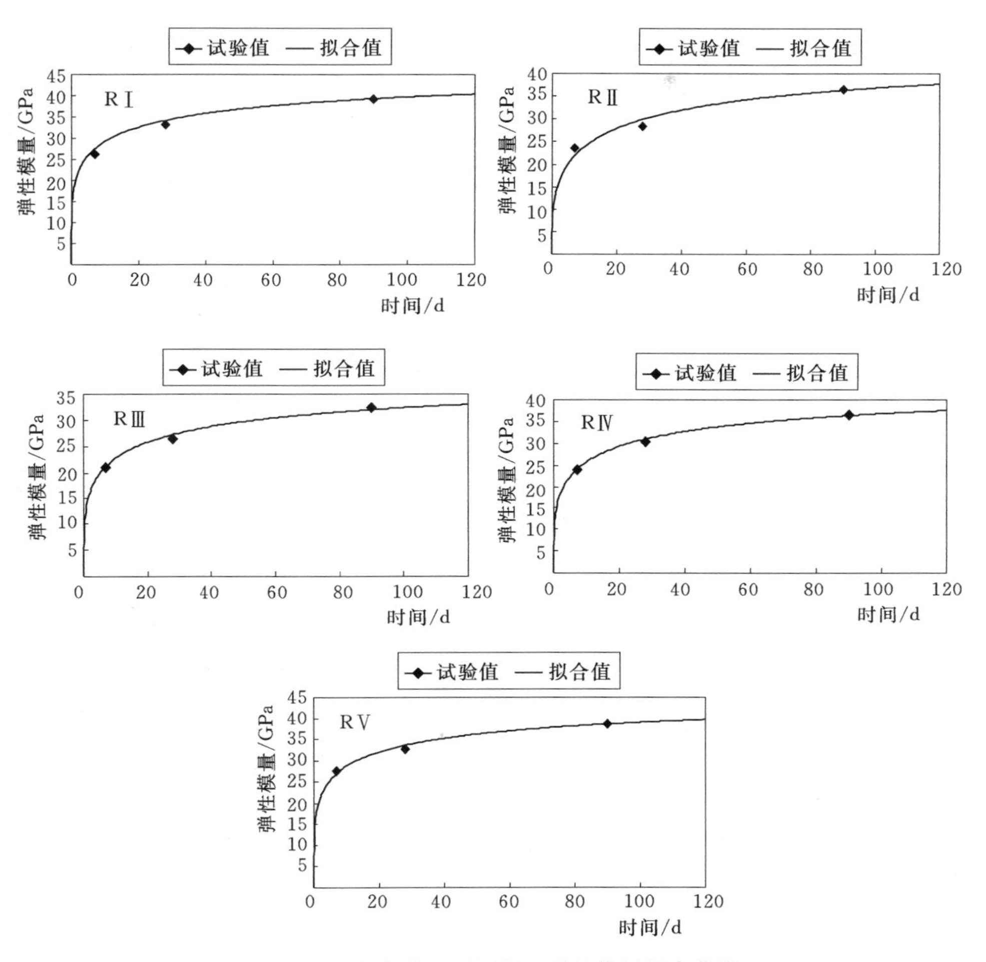

图 4.8 大坝各分区碾压凝土弹性模量拟合曲线

设 $E_0=1.20E(90)$，大坝各分区混凝土弹性模量拟合曲线公式如下：

CⅠ：$E(\tau)=38.88\times(1-e^{-0.431\tau^{0.307}})$；

CⅡ：$E(\tau)=33.72\times(1-e^{-0.652\tau^{0.219}})$；

CⅣ：$E(\tau)=43.44\times(1-e^{-0.478\tau^{0.295}})$；

CⅤ：$E(\tau)=47.64\times(1-e^{-0.545\tau^{0.27}})$。

RⅠ：$E(\tau)=47.16\times(1-e^{-0.505\tau^{0.28}})$；

RⅡ：$E(\tau)=43.8\times(1-e^{-0.335\tau^{0.368}})$；

RⅢ：$E(\tau)=38.88\times(1-e^{-0.431\tau^{0.307}})$；

RⅤ：$E(\tau)=43.80\times(1-e^{-0.428\tau^{0.315}})$；

RⅣ：$E(\tau)=43.8\times(1-e^{-0.345\tau^{0.36}})$。

CbⅠ：$E(\tau)=37.56\times(1-e^{-0.405\tau^{0.326}})$；

CbⅡ：$E(\tau)=35.04\times(1-e^{-0.258\tau^{0.433}})$；

CbⅢ：$E(\tau)=37.68\times(1-e^{-0.401\tau^{0.328}})$；

CbⅣ：$E(\tau)=35.16\times(1-e^{-0.315\tau^{0.391}})$；

CbⅤ：$E(\tau)=32.52\times(1-e^{-0.212\tau^{0.495}})$。

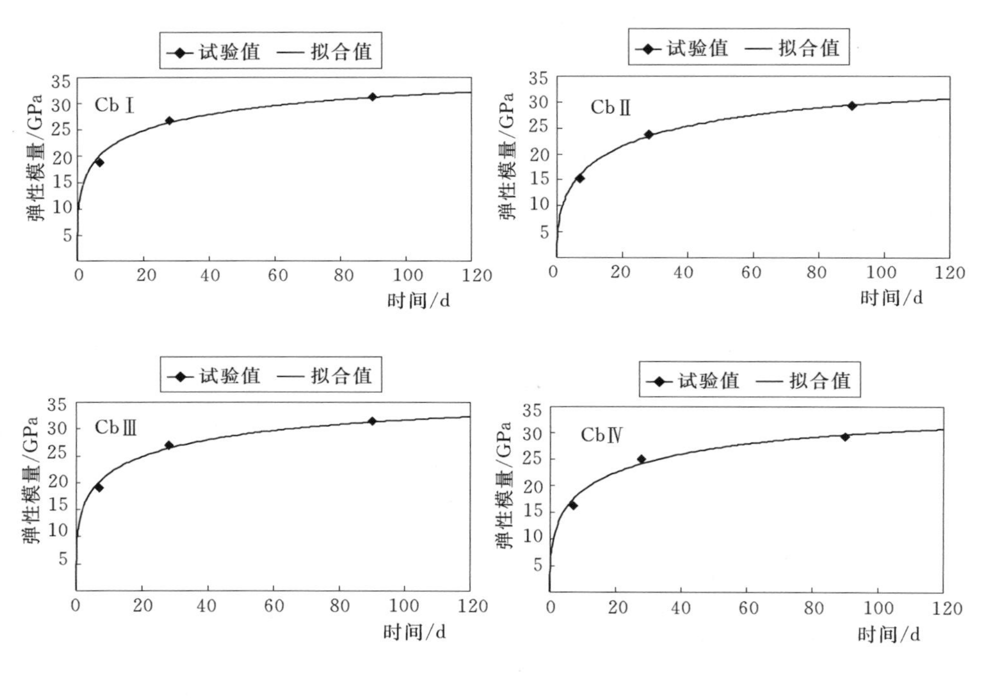

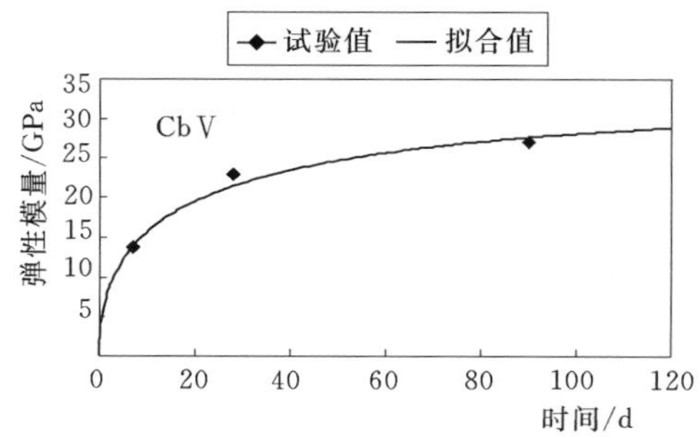

图 4.9 大坝各分区变态混凝土弹性模量拟合曲线

表 4.16　　混凝土极限拉伸试验结果

混凝土种类	序号	分区编号	强度等级	级配	极限拉伸值/(×10^{-6})		
					7d	28d	90d
常态混凝土	1	CⅠ	$C_{90}25$	三	59	71	96
	2	CⅡ	$C_{90}20$	三	48	63	84
	3	CⅣ	$C_{28}25$	三	74	82	99
	4	CⅤ	$C_{28}35$	三	81	99	110
碾压混凝土	5	RⅠ	$C_{90}25$	三	54	62	78
	6	RⅡ	$C_{90}20$	三	48	54	75
	7	RⅢ	$C_{90}15$	三	42	50	71
	8	RⅤ	$C_{90}20$	二	45	54	74
	9	RⅣ	$C_{90}25$	二	50	60	77
变态混凝土	10	CbⅠ	$C_{90}25$	二	56	68	82
	11	CbⅡ	$C_{90}20$	二	50	62	77
	12	CbⅢ	$C_{90}25$	三	62	70	82
	13	CbⅣ	$C_{90}20$	三	55	64	79
	14	CbⅤ	$C_{90}15$	三	47	56	76

表 4.17　　混凝土干缩试验结果

混凝土种类	序号	分区编号	强度等级	级配	干缩量/(×10^{-6})					
					3d	7d	14d	28d	60d	90d
常态混凝土	1	CⅠ	$C_{90}25$	三	63	97	194	381	399	428
	2	CⅡ	$C_{90}20$	三	87	180	237	379	394	433
	3	CⅣ	$C_{28}25$	三	58	132	.215	369	395	432
	4	CⅤ	$C_{28}35$	三	98	178	271	391	428	462
碾压混凝土	5	RⅠ	$C_{90}25$	三	65	154	230	329	393	415
	6	RⅡ	$C_{90}20$	三	48	151	235	358	420	433
	7	RⅢ	$C_{90}15$	三	40	123	200	308	365	381
	8	RⅣ	$C_{90}20$	二	15	69	178	282	362	400
	9	RⅤ	$C_{90}25$	二	10	65	168	287	368	410

表 4.18 混凝土自生体积变形试验结果

混凝土种类	序号	分区编号	强度等级	级配	自生体积变形量/(×10⁻⁶)									
					1d	3d	7d	14d	21d	28d	45d	60d	90d	120d
常态混凝土	1	CⅠ	$C_{90}25$	三	0	10.4	19.3	26.8	37.6	41.1	52.3	56.8		
	2	CⅡ	$C_{90}20$	三	0	17.0	23.3	30.4	37.4	43.5	51.6	59.8		
	3	CⅣ	$C_{28}25$	三	0	27.2	35.0	39.0	44.0	46.4	57.3	63.3		
	4	CⅤ	$C_{28}35$	三	0	31.8	39.2	44.2	48.4	48.4	59.4	65.6		
碾压混凝土	5	RⅠ	$C_{90}25$	三	0	11.3	19.3	30.8	33.4	41.2	48.5	49.2	49.7	46.4
	6	RⅡ	$C_{90}20$	三	0	11.1	18.8	25.0	30.7	34.2	41.0	42.9		
	7	RⅢ	$C_{90}15$	三	0	11.7	18.6	24.6	30.1	33.7	39.6	42.2		
	8	RⅤ	$C_{90}20$	二	0	12.1	19.6	25.2	31.6	35.3	42.6	44.5		
	9	RⅣ	$C_{90}25$	二	0	18.1	29.4	37.5	43.5	45.8	53.4	57.3	57.6	55.1

CⅠ：$\varepsilon(\tau)=-57.3\times(1-e^{-0.0584\tau^{0.999}})\times10^{-6}$；

CⅡ：$\varepsilon(\tau)=-60.5\times(1-e^{-0.065\tau^{0.928}})\times10^{-6}$；

CⅣ：$\varepsilon(\tau)=-63.8\times(1-e^{-0.0815\tau^{0.9358}})\times10^{-6}$；

CⅤ：$\varepsilon(\tau)=-66.1\times(1-e^{-0.0765\tau^{0.963}})\times10^{-6}$

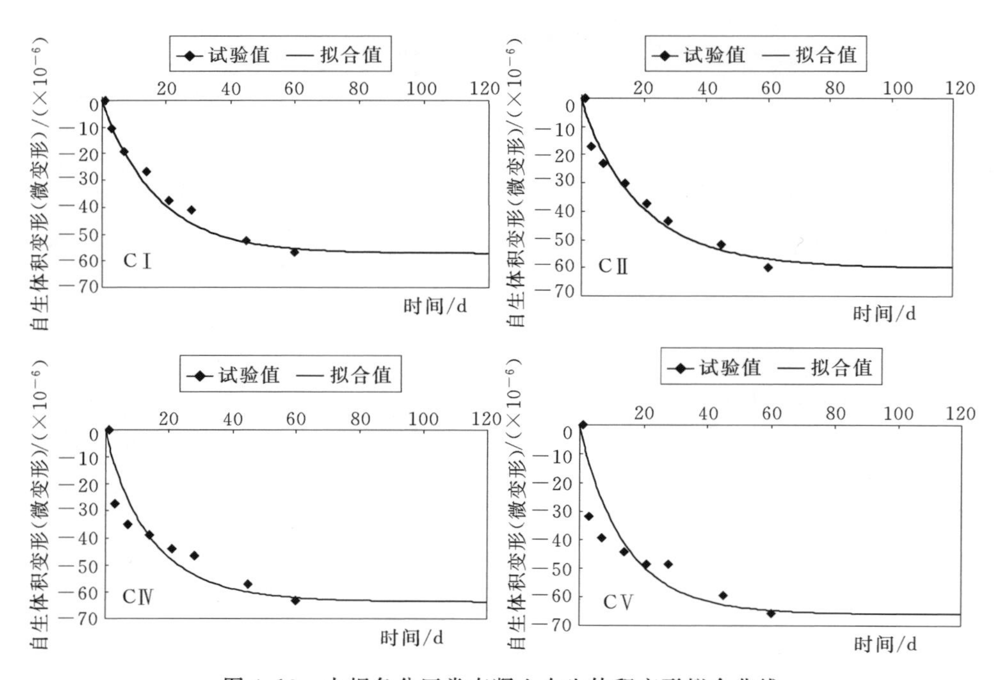

图 4.10 大坝各分区常态凝土自生体积变形拟合曲线

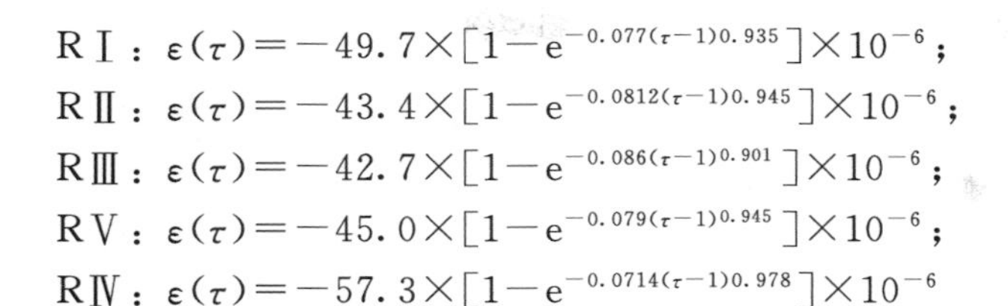

RⅠ：$\varepsilon(\tau)=-49.7\times[1-e^{-0.077(\tau-1)^{0.935}}]\times10^{-6}$；

RⅡ：$\varepsilon(\tau)=-43.4\times[1-e^{-0.0812(\tau-1)^{0.945}}]\times10^{-6}$；

RⅢ：$\varepsilon(\tau)=-42.7\times[1-e^{-0.086(\tau-1)^{0.901}}]\times10^{-6}$；

RⅤ：$\varepsilon(\tau)=-45.0\times[1-e^{-0.079(\tau-1)^{0.945}}]\times10^{-6}$；

RⅣ：$\varepsilon(\tau)=-57.3\times[1-e^{-0.0714(\tau-1)^{0.978}}]\times10^{-6}$

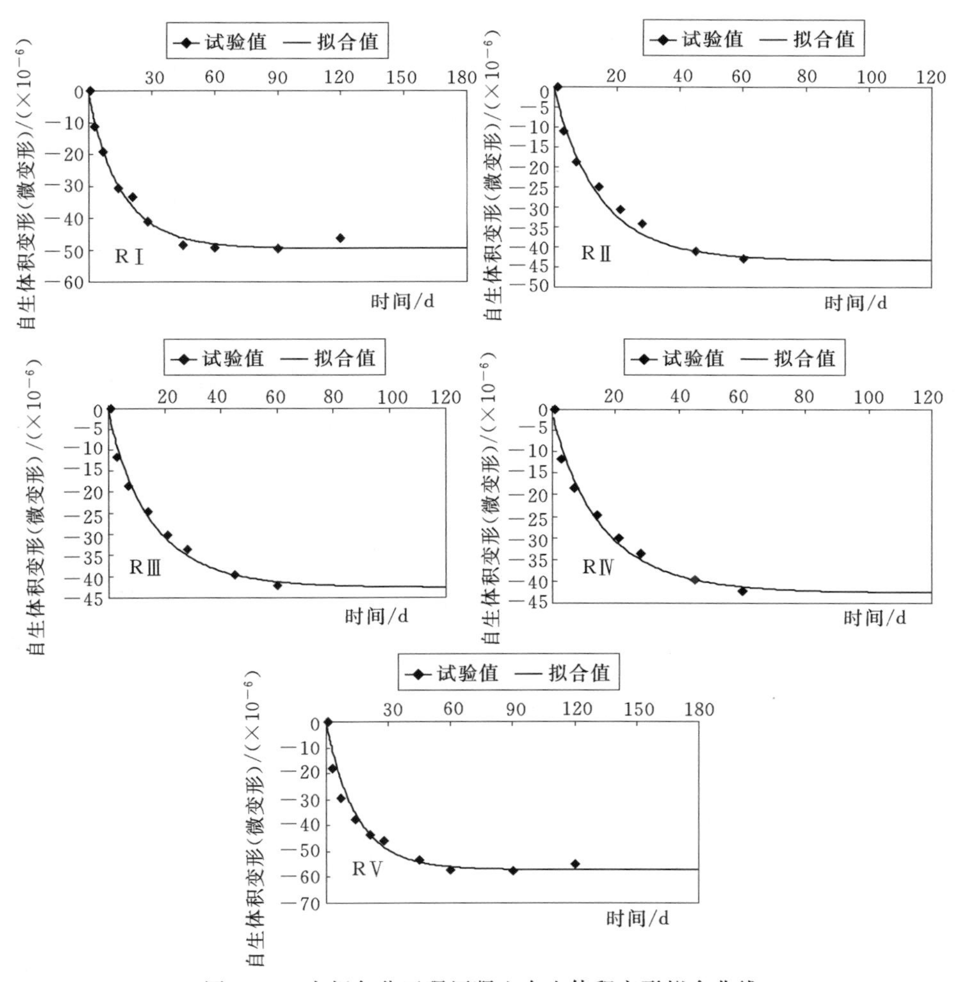

图 4.11 大坝各分区碾压凝土自生体积变形拟合曲线

CⅡ徐变度：

$$C(t,\tau)=\frac{0.23}{33720}\times(1+9.20\times\tau^{-0.45})\times[1-e^{-0.30(t-\tau)}]$$

$$+\frac{0.52}{33720}\times(1+1.70\tau^{-0.45})\times[1-e^{-0.0050(t-\tau)}]$$

RⅢ徐变度：

$$C(t,\tau)=\frac{0.23}{38880}\times(1+9.20\times\tau^{-0.45})\times[1-e^{-0.30(t-\tau)}]$$
$$+\frac{0.52}{38880}\times(1+1.70\tau^{-0.45})\times[1-e^{-0.0050(t-\tau)}]$$

RV徐变度：

$$C(t,\tau)=\frac{0.23}{43800}\times(1+9.20\times\tau^{-0.45})\times[1-e^{-0.30(t-\tau)}]$$
$$+\frac{0.52}{43800}\times(1+1.70\tau^{-0.45})\times[1-e^{-0.0050(t-\tau)}]$$

4.6 仿真计算初始条件及边界条件

(1) 初始条件。混凝土温度场和应力场仿真计算在不同物盖条件下的表面热交换系数及管壁热交换系数见第6章反演结果。仿真计算时需要的水管通水进口水温、浇筑温度、坝区年最高气温和最低气温根据不同计算工况要求及《GD水电站大坝工程—大坝混凝土施工组织设计》中的要求取值。基础岩体初始温度取坝区多年平均地面气温21.2℃。

此外，由于碾压混凝土快速施工方法在国内应用较少，因此在仿真计算应力结果的安全度方面，笔者考虑在按施工组织设计要求施工时，抗裂安全度 k 取1.65，而采取快速施工方法时，抗裂安全度 k 从偏安全角度出发，取2.0。

(2) 边界条件。温度场计算时，所取基岩的底面及4个侧面按绝热边界处理，与大气接触的基岩顶面按第三类边界条件处理，考虑为粗糙表面，坝体上下游面及顶面（包括仓面）按第三类边界条件处理，考虑为光滑表面，两个横侧面（1号和24号坝段为一个横侧面）按施工顺序分别考虑为第三类散热面和绝热面。施工期不考虑库水作用，运行期考虑库水作用。

应力场计算时，所取基岩底面三向全约束，4个侧面按法向约束边界处理，坝体所有临空面均为自由边界。考虑自重、温度变形、自生体积变形、干缩变形、徐变、温度变形等作用。在应力分析中，应力以拉为正，以压为负。

4.7 HDPE管最大流速估算

GD大坝拟采用高密度聚乙烯（HDPE）管代替金属水管冷却大坝混凝土，笔者通过对比发现，HDPE管是导热性能较好的塑料管之一，且已经成功应用于某碾压混凝土坝工程，该水管的主要性能指标见表4.19。

表 4.19 HDPE 管主要性能指标

项目		指标
导热系数/[W/(m·℃)]		≥0.38
拉伸屈服应力/MPa		≥20
纵向尺寸收缩率/%		≤3
破坏内水静压力/MPa		≥2.0
弯曲半径（10℃条件下）/m		≤0.5
液压试验	温度：20℃ 时间：1h 环向应力：11.8MPa	不破裂、不渗漏
	温度：80℃ 时间：170h（60h） 环向应力：3.9MPa（4.9MPa）	不破裂、不渗漏

根据上述指标对各种管径的 HDPE 管的最大流速进行估算。假定水管水平布置如图 4.12 所示，全长 300m，每 30m 拐弯 180°，拐弯半径为 0.5m，水管间距为 1m。

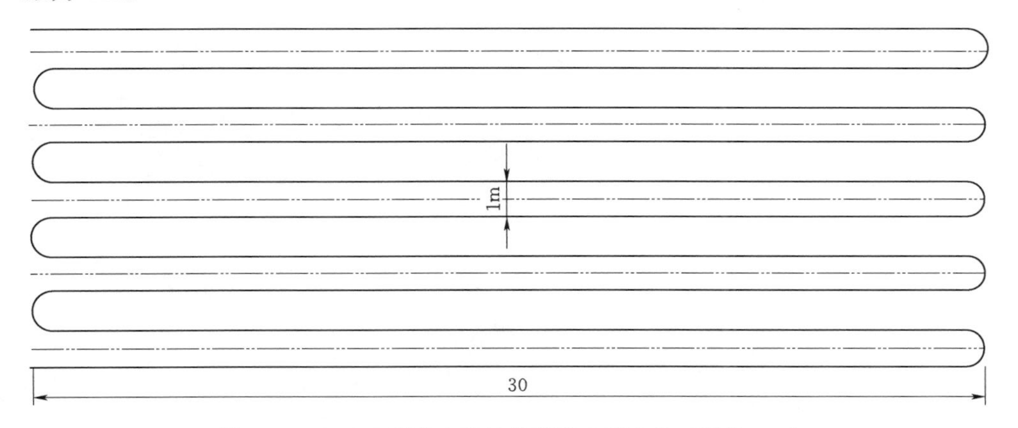

图 4.12 HDPE 管最大流速估算的水管走势（单位：m）

计算时不考虑外包混凝土对水管的位移，将其简化为可用弹性力学的圆环受均布内水压力公式，并根据水管材质的拉伸屈服应力计算得到不同水管尺寸的内水压力。

环向应力计算公式为

$$\sigma_{\varphi}=\frac{\dfrac{R^{2}}{\rho^{2}}+1}{\dfrac{R^{2}}{r^{2}}-1}q \tag{4.3}$$

式中：R、r、q、ρ 分别为水管外半径、内半径、内水压强、径向距离。

由式（4.3）可知，当 $\rho=r$ 时环向应力最大，故得容许内水压强为

$$[q_\varphi]=\frac{R^2-r^2}{R^2+r^2}[\sigma_\varphi] \tag{4.4}$$

水力学短管淹没出流的水力计算公式为

$$v=\mu_c\sqrt{2gH}=\mu_c\sqrt{2q/\rho} \tag{4.5}$$

其中

$$\mu_c=\frac{1}{\sqrt{\lambda\dfrac{l}{d}+\sum\zeta}}$$

式中：v 为流速；μ_c 为管道流量系数；λ、ζ 分别为沿程水头损失系数和局部阻力系数。

圆角弯管的局部阻力系数计算公式为

$$\zeta_1=\left[0.131+0.163\left(\frac{d}{R'}\right)^{3.5}\right](\theta°/90°)^{1/2} \tag{4.6}$$

式中：d、R'、θ 分别为水管内径、水管转弯半径和转弯角度。

若淹没出流管道出口局部阻力系数为1.0，每根水管的拐弯个数为 n，则局部阻力系数为

$$\sum\zeta=1+n\zeta_1 \tag{4.7}$$

如图4.12所示，$n=9$，$R'=0.5$，$\theta=180°$，带入不同的水管内径 d，由式（4.6）和式（4.7）可求得水管的局部阻力系数 $\sum\zeta$。

根据水管的不同尺寸，由式（4.4）求得容许内水压强 $[q_\varphi]$。将 $[q_\varphi]$ 与允许破坏内水静压力 $[q_s]$（见表4.19）进行比较，从偏安全角度考虑，取小值。经过比较，本书最大流速计算时采用容许内水压强 $[q]=[q_s]=2.00$MPa。

由于流速 v 不同，雷诺数 Re 不同，则沿程水头损失系数 λ 不同，因此由式（4.3）可知，最大流速 $v_{\max}$ 无法一步得出，需要通过试算求解。HDPE管的粗糙率 $n=0.009$，与有机玻璃管或者玻璃管的糙率相近，故可近似引用玻璃管的当量粗糙度 $k_s=0.005$mm。

（1）给定初始流速 $v_0=5.0$m/s。

（2）计算雷诺数 $Re=\nu_d/\nu$（取水温20℃时运动黏度 $\nu=0.0101\text{cm}^2/\text{s}$），查《不同温度下水的运动黏滞系数表》取水温20℃时运动黏度 $\gamma=0.0101\text{cm}^2/\text{s}$，并通过《水力学》中的达西-威斯巴赫公式、舍齐公式和曼宁公式可得到 λ。

（3）将 λ 和 $\sum\zeta$ 代入式（4.3）求得流速 v_1。

（4）比较 v_0 和 v_1，若 $v_0=v_1$，则 $v_{\max}=v_0$ 为给定的最大流速，否则令 $v_0=v_1$，重复上述步骤，直至找到最大流速。

根据上述方法得到 3 种尺寸水管可以承受的最大流速 v_{max}，见表 4.20。

表 4.20　不同尺寸 HDPE 管的最大流速（$[q]$=2.00MPa）

HDPE 管尺寸		计算系数					最大流速 v_{max} /(m/s)
外径 D /mm	内径 d /mm	相对粗糙度 $\frac{k_s}{d}$	雷诺数 Re	沿程水头损失系数 λ	局部阻力系数 ζ_1	管道流量系数 u_c	
32	28	0.00018	0.00094	0.0325	0.185	0.0534	3.4
40	35	0.00014	0.000014	0.028	0.185	0.0642	4.1
50	44	0.00011	0.00002	0.026	0.185	0.0745	4.7

第5章 GD碾压混凝土坝试验块温控参数反演成果

5.1 准备工作

1. 试验目的

（1）为了择优选用将来在大坝施工过程中所用的冷却水管种类和型号，通过试验及其反演计算确定所用各种冷却水管导热边界的热交换系数。

（2）为了择优选用将来在大坝施工时所用的表面保温材料，通过试验和反演计算确定在不同种类和保温形式下的混凝土表面边界的热交换系数。

2. 试验说明

（1）水管试验说明。该试验块很大，将被分割成三十几个试验区域，分别进行不同目的的试验。为了尽量避免与现有试验计划相互冲突，选择在第二升程中心高度（即第二升程的第一个碾压层与第二个碾压层的交界面上）按该计划所需布置冷却水管，在平面范围内，冷却水管只布置在3号区域内，为3根不同型号的塑料质水管，水管1的内径为28mm，外径为32mm；水管2的内、外径分别为35mm和40mm；水管3的内、外径分别为44mm和50mm。水管和温度测点的具体布置情况如图5.1所示。

试验块在5月浇筑，浇筑温度可能较高，且试验计划中的3根水管相距较远，可能水管与水管之间的冷却效果较差，但是该试验的目的是为了确定不同型号冷却水管导热边界的热交换系数，这样布置是可行的，可以达到目的。

（2）保温试验说明。在试验块最上层仓面（即原位抗剪层的上表面）覆盖保温材料，按照区域1～6分别覆盖6种不同保温力度的保温材料，各种保温材料之间应保留1.0m左右的搭接长度。

（3）在所指定混凝土区内共布置26个测温点，其中测点T1、T3、T5、T7、T9和T11位于水管外壁上，测定水管内外实际温差。此外，每根水管进出口各绑定一个温度探头，测量进出口水温，还有两个探头在空气中测量环境温度，共计有34个测温点。

3. 水管试验步骤

（1）按图布置温度探头和水管，水管用钢筋固定，探头用钢筋和铁丝固定，在3种水管的进出口也分别布置温度探头，用细铁丝固定。在混凝土碾压层仓面以下的测点需提前布置好，在混凝土碾压层仓面的测点在上下碾压层的间歇期（约2h）布置，且应在下层混凝土碾压完毕后与水管一起布置，否则会被碾压机械直接压到而导致损坏。所有探头布置好以后应进行检测，检查所有探头是否都有效。

（2）在浇筑混凝土的同时测定混凝土入仓温度、浇筑温度、气温和冷却水温。

（3）在第二升程的第二个碾压层浇筑时就开始通水。

（4）取河水进行冷却，3根水管中的流速都为1.2m/s，因为水管较短，进出口水温可能相差不大，因此冷却期间不用改变流向和流量。

（5）冷却时间为15d。

4. 保温试验步骤

（1）混凝土浇筑前按照图5.1所示要求，用钢筋和铁丝将测点布置好，这些测点都在第二升程的第三个碾压层中，需提前布置好。

（2）在试验块最上层仓面（即原位抗剪层的上表面）浇筑完毕后立即覆盖保温材料，1号区域覆盖一层不透气的农用塑料膜；2号区域覆盖一层不透气的农用塑料膜加一层0.5cm厚的大坝保温被；3号区域覆盖一层不透气的农用塑料膜加一层1.0cm厚的大坝保温被；4号区域覆盖一层不透气的农用塑料膜加一层2.0cm厚的大坝保温被；5号区域覆盖一层不透气的农用塑料膜加一层3.5cm厚的大坝保温被；6号区域覆盖一层不透气的农用塑料膜加一层5.0cm厚的大坝保温被。

（3）不透气的农用塑料膜本身具有保湿作用，有养护效果，预计浇筑后不用考虑对仓面进行喷雾或洒水养护，但仍应适时检查仓面的湿度，必要时进行适当的洒水养护。

（4）保温历时15d。

5. 测量方法

每隔一定的时间用温度巡检仪对各测点温度测一次，同时监测记录周围环境温度，以及阐述风速情况。具体记录时间为：入仓温度测一次，浇筑后的前3d每3h测一次，第4～6d每6h测一次，第7～15d每12h测一次，此后1d测一次，测量总历时为28d。遇到气温骤降时恢复每3h观测一次（开始时段、最高温时段和龄期7～10d时的温度过程线上的“低温拐弯区”时段应加密到每3h测一次，以提高观测工作的精度）。

6. 反演计算模型

反演计算采用8节点等参单元，GD大坝试验块反演计算网格模型如图5.2所示，网格节点总数为25896，单元总数为22083个。试验段第二升程3区模拟

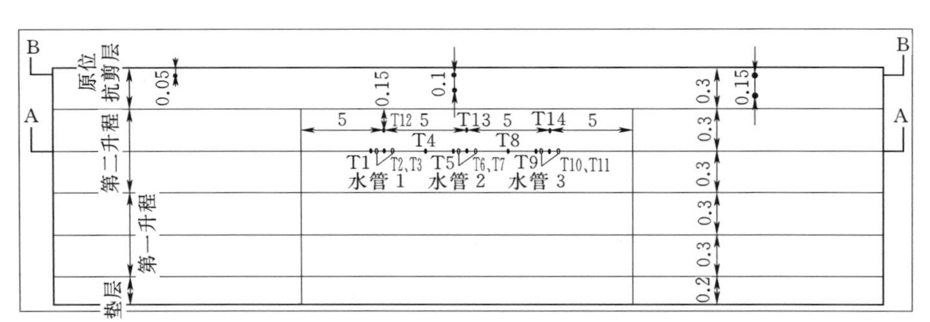

(a) 纵剖面

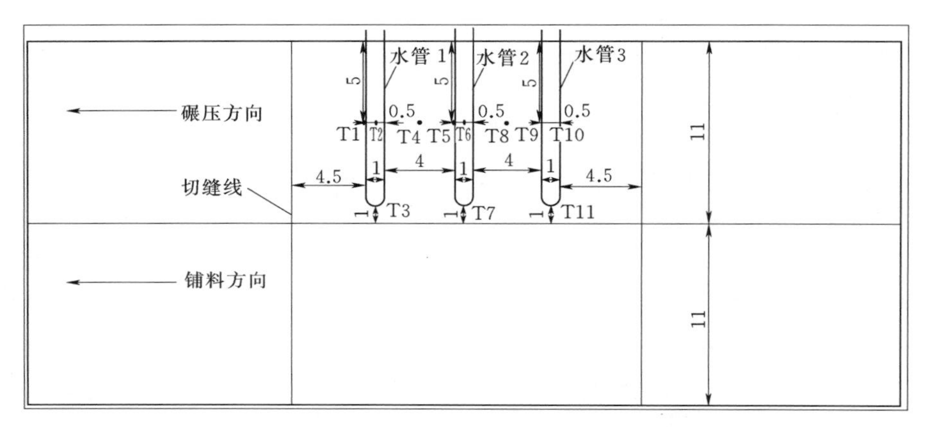

(b) A－A 截面

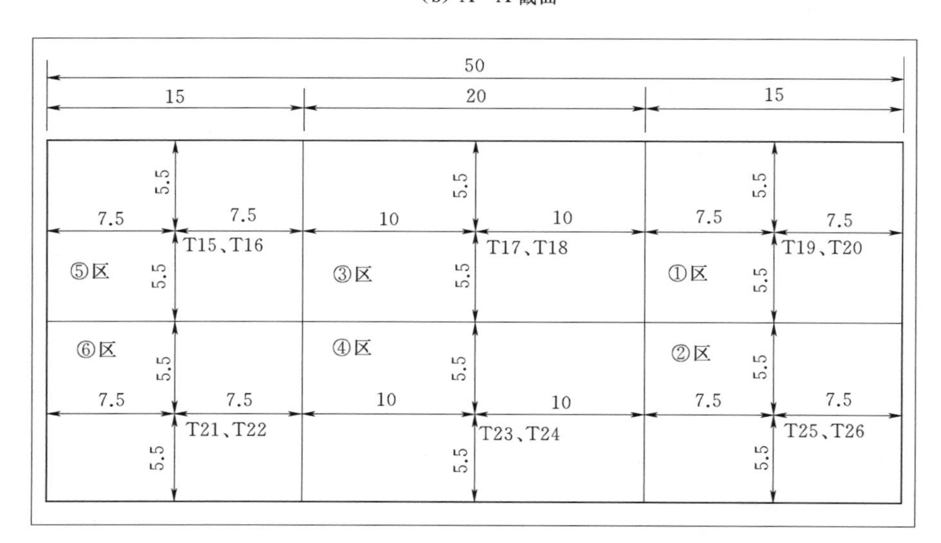

(c) B－B 截面

图 5.1 水管和温度测点的具体布置情况（单位：m）

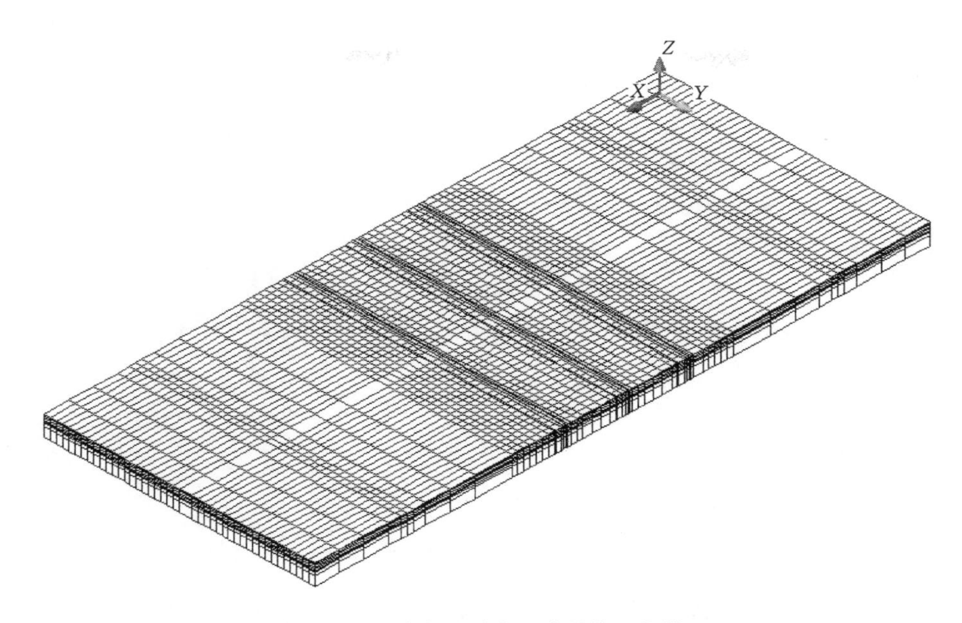

图 5.2 GD 大坝试验块反演计算网格模型

大坝 RⅠ区采用三级配 C_{90}25 碾压混凝土浇筑；原位抗剪层 1、3、5 区模拟大坝 RⅠ区采用三级配 C_{90}25 碾压混凝土浇筑；原位抗剪层 2、4、6 区模拟大坝 RⅡ区采用二级配 C_{90}20 碾压混凝土浇筑。各分区碾压混凝土绝热温升由试验给定（见 4.4 节），不作为待反演参数。

5.2 数据采集与整理

GD 大坝第二升程的第二个碾压层试验块起始浇筑时间为 2009 年 6 月 2 日 22：00，浇筑结束时间为 2009 年 6 月 3 日 2：00，入仓温度为 24.0℃，温度测量开始时间为 2009 年 6 月 3 日 3：00；原位抗剪层 1 区、2 区起始浇筑时间为 2009 年 6 月 2 日 22：00，浇筑结束时间为 2009 年 6 月 3 日 2：00，入仓温度为 24.0℃，温度测量开始时间为 2009 年 6 月 3 日 7：30；原位抗剪层 3 区起始浇筑时间为 2009 年 6 月 3 日 16：00，浇筑结束时间为 2009 年 6 月 3 日 16：30，入仓温度为 23.6℃，温度测量开始时间为 2009 年 6 月 3 日 20：00；原位抗剪层 4 区、5 区起始浇筑时间为 2009 年 6 月 3 日 21：00，浇筑结束时间为 2009 年 6 月 3 日 21：30，入仓温度为 24.1℃，温度测量开始时间为 2009 年 6 月 3 日 23：00；原位抗剪层 6 区起始浇筑时间为 2009 年 6 月 4 日 11：00，浇筑结束时间为 2009 年 6 月 4 日 11：30，入仓温度为 24.0℃，温度测量开始时间为 2009 年 6 月 4 日 12：00。

现场观测的数据难免会存在人为记录或仪器输出的误差，使一些数据产生变异而变得不合理，所以现场所测数据在用于反演计算之前，必须经过分析，剔除不合理的数据，如突变的数据、龄期变化明显不合理的数据等。1～14号点位于第二升程3区，其中2号点、6号点和10号点分别作为水管1、水管2和水管3管壁热交换系数辨识的控制测点，其余点作为校核测点，而14号温度探头被推土机损坏，反演时将该点剔除；15～26号点位于原位抗剪层各区，其中19号点、25号点、17号点、23号点、15号点和21号点分别作为原位抗剪层1～6区表面热交换系数辨识的控制测点，其余点作为相应各区的校核测点。校核测点不作为反演结果的分析测点。

5.3　反演结果与分析

1. 参数反演过程及结果

将现场实测的温度数据（包括气温和进出口水温）作为已知条件输入到反演程序中，经过反复的优化计算，得到了一组最优参数。所需要的反演参数如下：

（1）不同尺寸水管的管壁热交换系数。

内径28mm，外径32mm：130.74kJ/(m^2·h·℃)。

内径35mm，外径40mm：128.98kJ/(m^2·h·℃)。

内径44mm，外径50mm：126.57kJ/(m^2·h·℃)。

（2）不同物盖条件下混凝土表面的等效热交换系数。

农用塑料膜：41.85kJ/(m^2·h·℃)。

农用塑料膜＋大坝保温被（厚0.5cm）：34.68kJ/(m^2·h·℃)。

农用塑料膜＋大坝保温被（厚1.0cm）：25.38kJ/(m^2·h·℃)。

农用塑料膜＋大坝保温被（厚2.0cm）：19.85kJ/(m^2·h·℃)。

农用塑料膜＋大坝保温被（厚3.5cm）：14.38kJ/(m^2·h·℃)。

农用塑料膜＋大坝保温被（厚5.0cm）：8.12kJ/(m^2·h·℃)。

图5.3为实测气温变化过程，图5.4为实测进出口水温变化过程，图5.5为水管1控制点实测值与反演值温度比较历时曲线，图5.6为水管2控制点实测值与反演值温度比较历时曲线，图5.7为水管3控制点实测值与反演值温度比较历时曲线，图5.8为原位抗剪层1区控制点实测值与反演值温度比较历时曲线，图5.9为原位抗剪层2区控制点实测值与反演值温度比较历时曲线，图5.10为原位抗剪层3区控制点实测值与反演值温度比较历时曲线，图5.11为原位抗剪层4区控制点实测值与反演值温度比较历时曲线，图5.12为原位抗剪层5区控制点实测值与反演值温度比较历时曲线，图5.13为原位抗剪层6区控制点实测值与反演值温度比较历时曲线。

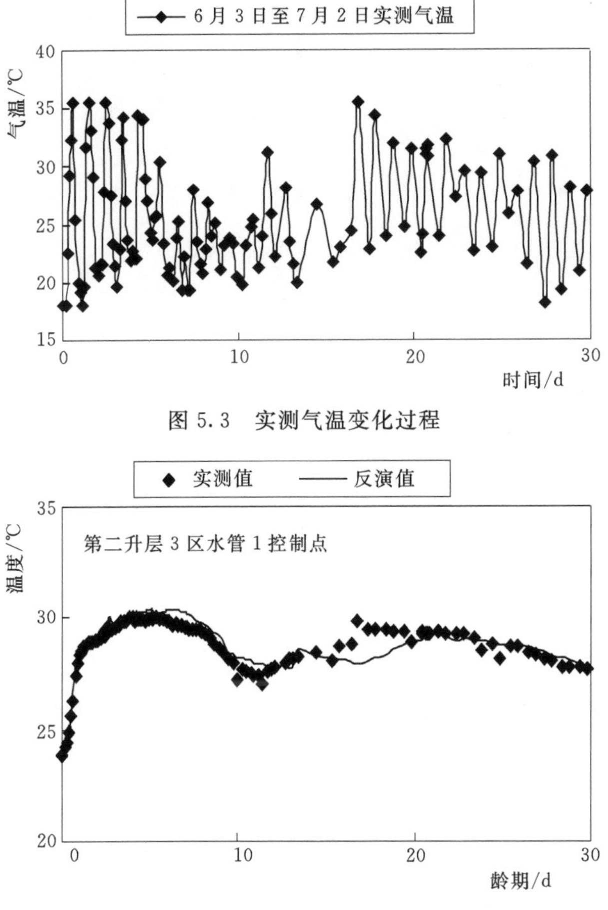

图 5.3 实测气温变化过程

图 5.5 控制点 2 实测值与反演值温度比较历时曲线

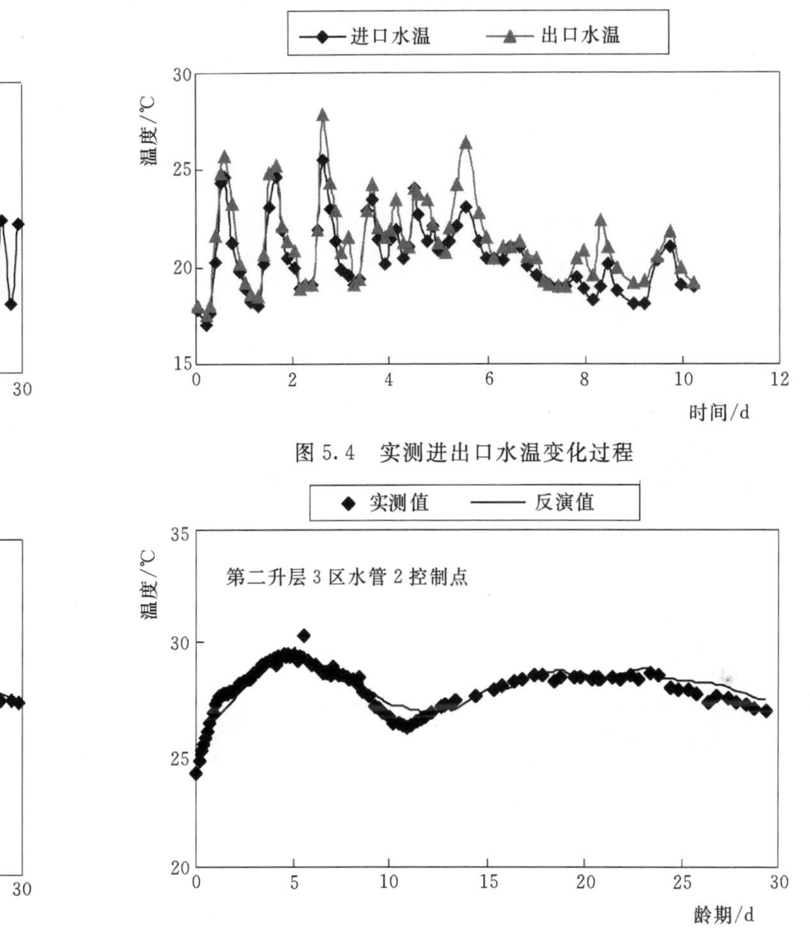

图 5.4 实测进出口水温变化过程

图 5.6 控制点 6 实测值与反演值温度比较历时曲线

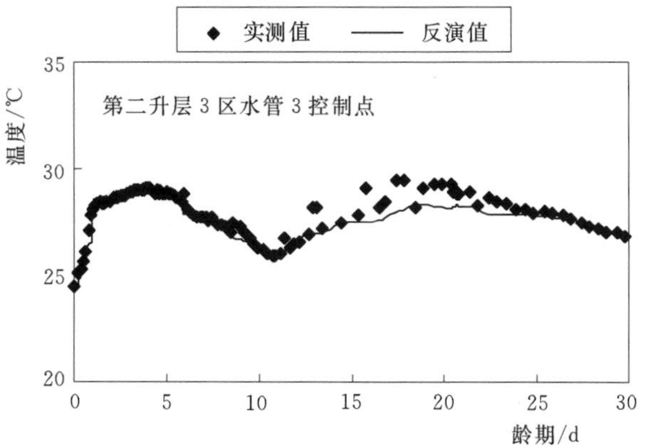

图 5.7 控制点 10 实测值与反演值温度比较历时曲线

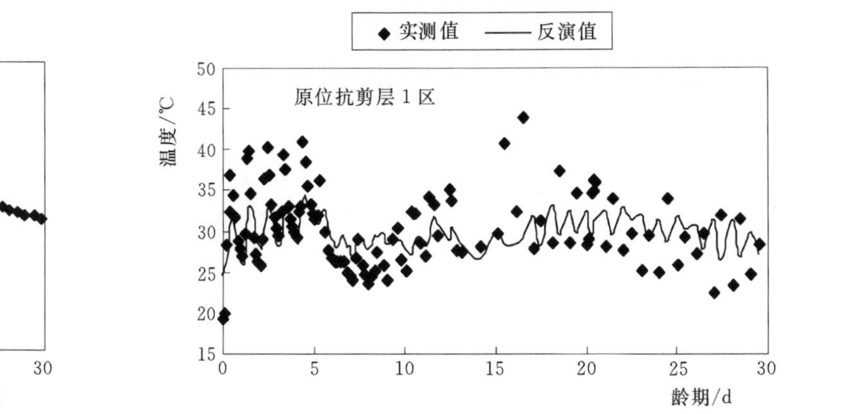

图 5.8 控制点 19 实测值与反演值温度比较历时曲线

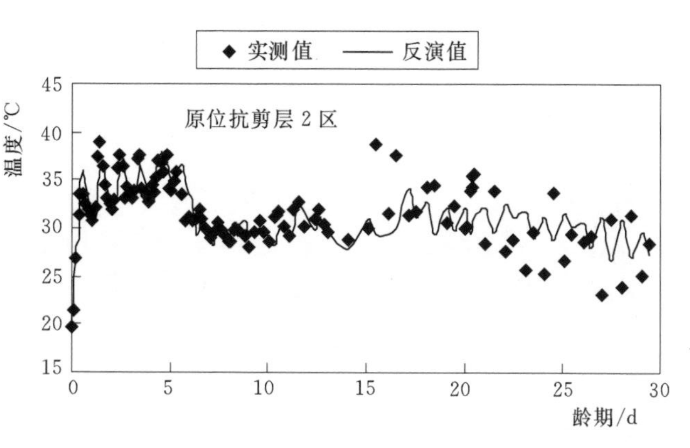

图 5.9 控制点 25 实测值与反演值温度比较历时曲线

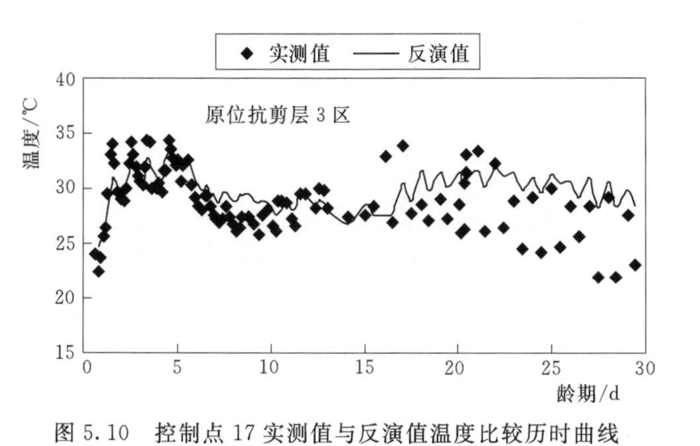

图 5.10 控制点 17 实测值与反演值温度比较历时曲线

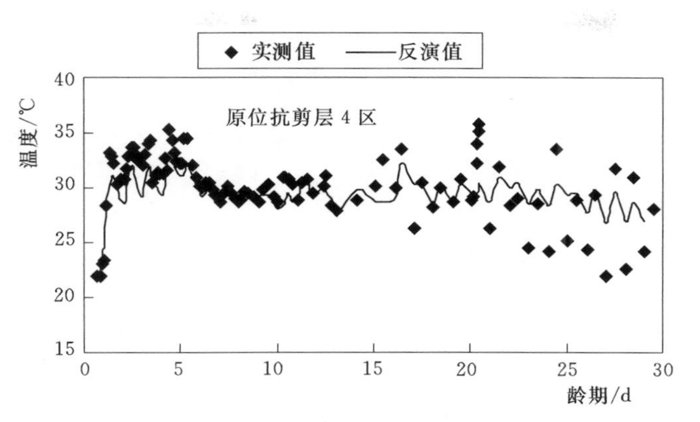

图 5.11 控制点 23 实测值与反演值温度比较历时曲线

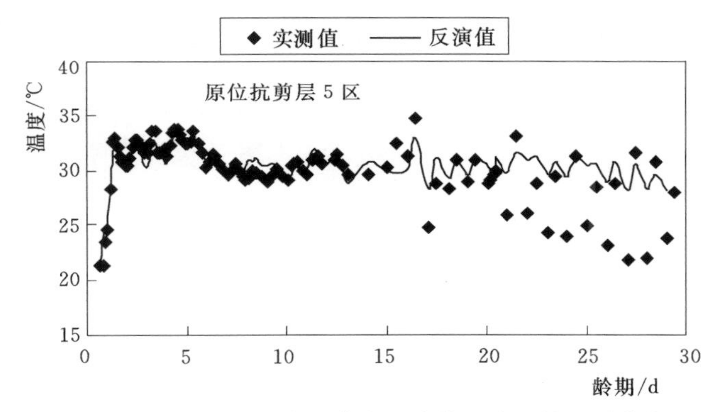

图 5.12 控制点 15 实测值与反演值温度比较历时曲线

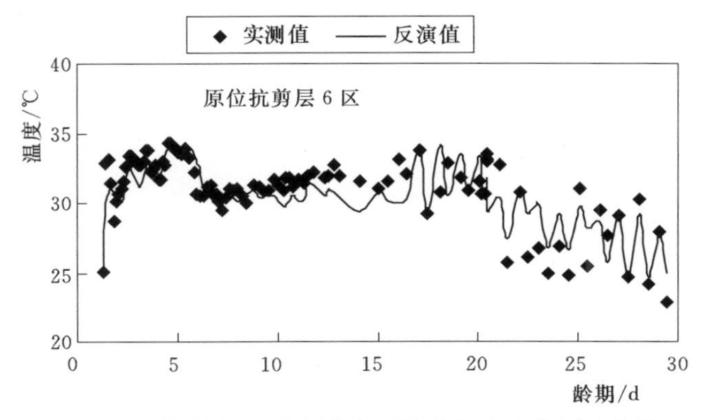

图 5.13 控制点 21 实测值与反演值温度比较历时曲线

2. 结果分析

将反演结果与实测数据相比较，并结合考虑现场温控措施的实施情况，可以看出：

（1）由图5.3可知，30d龄期内实测最高气温为35.56℃，最低气温为18.00℃，且实测一天内最大温差达17.0℃，这一方面说明了原位抗剪层各分区保温效果越差，表层测点的温度波动越大的原因，另一方面给保温力度较低的表面热交换系数的辨识带来了一定的难度，毕竟计算机不能完全模拟工程实际情况。

（2）由于第二升程3区试验块在水管通水过程中有停水现象，而且通水水温随龄期变幅较大（见图5.4），最高温度为25.50℃，最低温度为17.00℃。这给管壁热交换系数的反演辨识带来了一定的难度，反演结果往往与实测值的变化存在一些差别，但从整体规律变化上看，反演结果还是比较符合实测值的。

（3）由图5.5～图5.7可知，利用反演所得的参数计算得到的温度值（即反演值）与现场实测温度相比，其温升规律能够保持一致，除了部分测次偏离较大外，大部分测次温度值都较接近，吻合较好，说明了反演所得的参数具有较好的可靠性，可以应用于后续施工的岩锚梁混凝土的温控仿真预报工作中。

（4）由图5.7和图5.8可知，原位抗剪层各分区保温力度越好，混凝土温度随气温的变化幅度就越小，反演效果也就越好。浇筑初期由于外界平均气温高于混凝土温度，因此，保温力度小的控制测点温度高于保温力度大的控制测点温度，不过只要将实测气温作为已知条件，这并不影响反演计算过程。

（5）在缺乏试验数据的情况下，对混凝土的热力学和力学参数进行反演计算，能够得到一些表征材料特性的参数，同时也充分说明了混凝土热力学参数反演的重要性和必要性。

第6章 坝段快速施工段仿真计算结果分析

6.1 计算模型及测点布置

本章主要对24号坝段高程1290.00～1301.00m快速施工试验段进行仿真计算，主要研究坝体快速施工的防裂方法。24号坝段试验段混凝土三维非稳定温度场和应力场计算网格分别如图6.1和图6.2所示，图中上下游顺水流方向基岩长度为130m，坝轴线垂直水流方向基岩长度为100m，基岩深度为50m，岸坡岩体取至坝顶高度。整体网格节点总数为17133个，单元总数为14835个（不含水管），坝体混凝土材料分区为5个。快速施工试验段特征点布置如图6.3所示，共选择23个点作为分析典型点，为了避免重复，具体将会根据不同

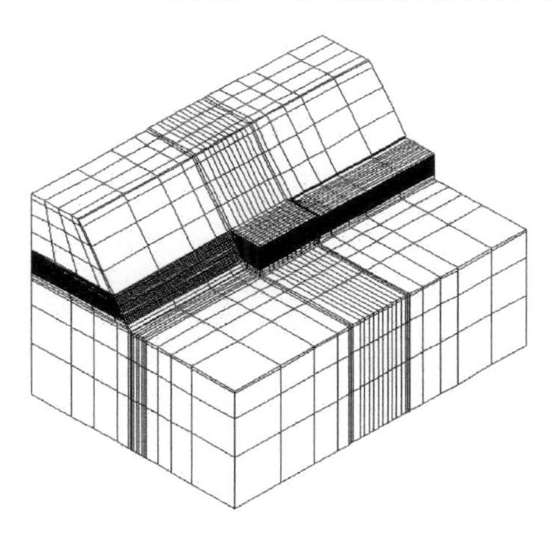

图6.1 24号坝段快速浇筑试验块整体网格

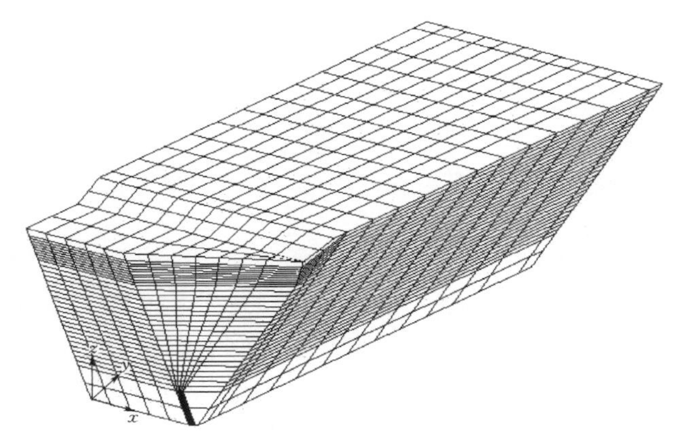

图6.2 24号坝段快速浇筑试验坝块网格

工况选择不同的点进行分析。24 号坝段快速施工段的特征截面的选取：M_1 截面为 $y=12.5$m，M_2 截面为 $x=5.0$m，Z_1 截面为 $z=1.0$m，Z_2 截面为 $z=3.5$m，Z_3 截面为 $z=8.0$m，截面的选取将根据不同工况的需求进行。

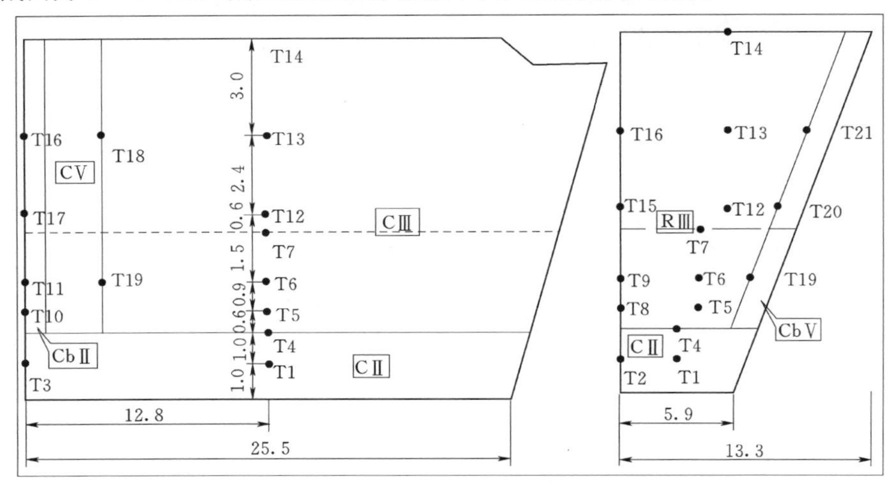

图 6.3 24 号坝段快速浇筑试验坝块测点布置（单位：m）

6.2 仿真计算工况

仿真计算假定 24 号坝段起始施工时间为 2009 年 9 月 1 日。

工况 1：不采取任何温控措施和不考虑采用快速施工方法。计算假定：气温变化取坝区多年平均气温拟合［式（4.1）］，在各层浇筑后的前 20d 内的仿真计算中考虑昼夜温差；风速取当地多年月平均风速；垫层常态混凝土浇筑层厚为 2.0m，间歇 5d，试验块碾压层厚为 0.3m，间歇 2h，每一升程为 1.5m，间歇 7d，自然入仓（9 月浇筑温度按气温加 3℃）。

工况 2：考虑采用快速施工方法，即试验段碾压混凝土浇筑层厚分别为 3.0m 和 6.0m，间歇时间为 3d，垫层浇筑结束后间歇 15d。其余同工况 1。

以下对快速施工间歇时间对混凝土温度和应力变化的影响进行敏感性分析。

工况 2-1：间歇时间为 7d，其余同工况 2。

工况 2-2：间歇时间为 10d，其余同工况 2。

工况 3：按《大坝施工组织设计》要求，9 月施工常态混凝土浇筑温度为 16℃，碾压混凝土浇筑温度为 18℃。其余同工况 2。

工况 4：在坝体四周钢模板外贴 1cm 厚的聚乙烯苯板，同时在坝体顶面及间歇期的仓面覆盖一层大坝保温被（厚 2cm）进行保温，3d 拆模后立即覆盖一层大坝保温被（厚 1cm），保温持续时间为 30d。其余同工况 3。

工况 5：采用水管冷却的温控措施，但不考虑表面保温。采用水管布置形式一，即在坝体内布置冷却水管，层距×间距为：垫层常态混凝土 1.0m×1.0m，碾压混凝土 3m 升程 1.2m×1.0m，碾压混凝土 6m 升程 1.5m×1.0m。水管距离上下游边界约 0.4m，距离浇筑层仓面分别为：垫层常态混凝土 0.5m，碾压混凝土 3m 升程 0.3m，碾压混凝土 6m 升程 0.9m。水管布置如图 6.4 所示。水

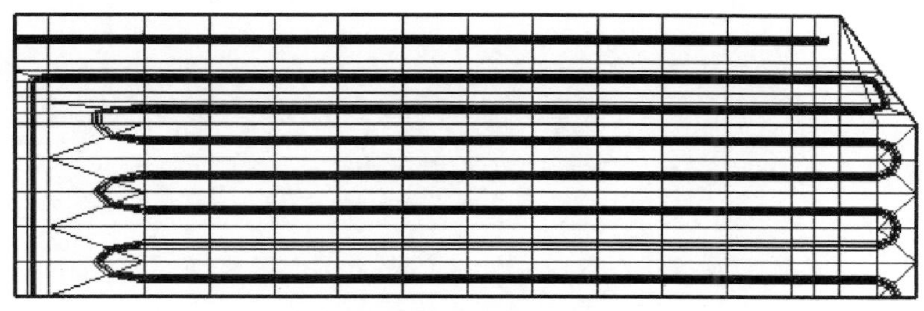

(a) 典型水平截面水管布置网格形式

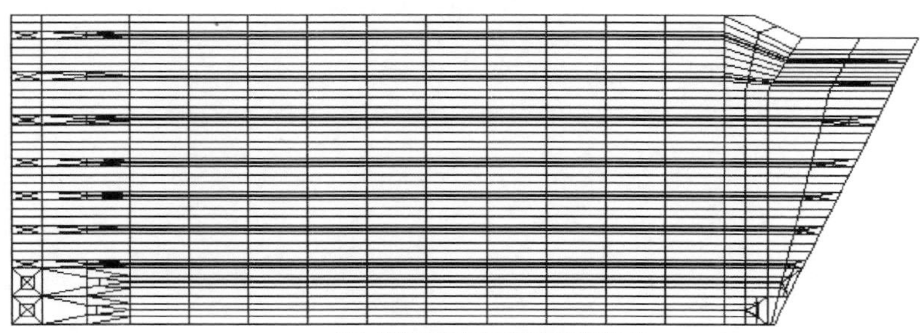

(b) 横截面水管布置网格形式

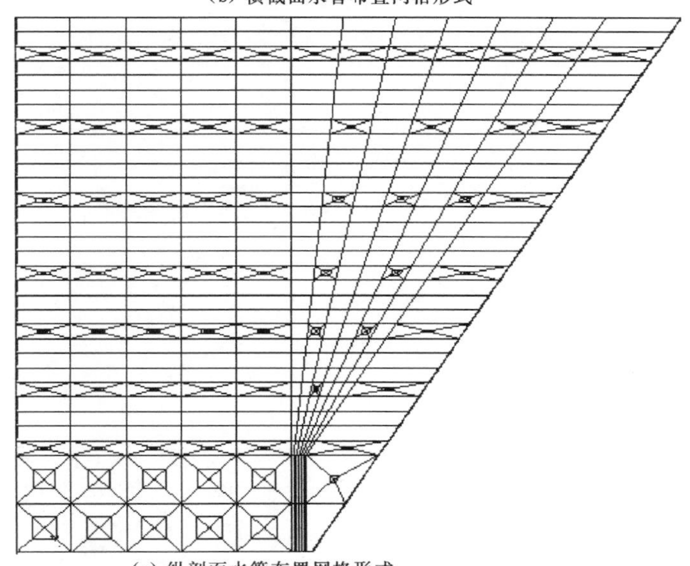

(c) 纵剖面水管布置网格形式

图 6.4 仿真计算网格水管布置

管冷却计算假定：采用内径为 28mm、外径为 32mm 的 HDPE 冷却管；采用制冷水，水温为 8.0℃；通水时间遵循浇筑开始即通水原则；通水持续时间假定为 28d。混凝土初始通水流速为 1.20m/s，流量为 2.66m^3/h。通水过程中每半天换向一次；通水 7d 后流量减半，14d 再减半，通水期间保持水温不变。其余同工况 3。

在工况 5 的基础上进行水管冷却的敏感性分析，具体工况如下：

工况 5－1：通水持续 15d，前 8d 通水水温为 8.0℃，流速为 1.65m/s，流量为 3.66m^3/h ，8～10d 减小通水流速为 1.20m/s、流量为 2.66m^3/h，并保持通水水温不变，10～15d 流速减半，流速为 0.6m/s，流量为 1.33m^3/h，至龄期 15d 停止通水。其余同工况 5。

工况 5－2：采用两套供水系统，一套为人工制冷水，水温为 8.0℃；另一套为天然河水，水温约 15.0℃。前 12d 仍满负荷通水冷却，水温为 8.0℃，流速为 1.20m/s；12～20d 减缓冷却速度，维持流速为 1.20m/s，采用天然河水；20～28d 维持现有温度水平，即采用天然河水，减小流速为原来的一半，即 0.6m/s，龄期 28d 停止通水。其余同工况 5。

工况 5－3：采用两套供水系统（同工况 5－2），通水持续 21d。前 14d 通制冷水，水温为 8.0℃，其中前 7d 流速为 1.2m/s，后 7d 流速为 1.0m/s，14～21d 维持流速 1.0m/s，采用天然河水，水温为 15.0℃。其余同工况 5。

工况 6：变更水管布置形式，即在坝体内布置冷却水管，层距×间距为：垫层常态混凝土布置一层水管，碾压混凝土 3m 升程 1.5m×1.0m，碾压混凝土 6m 升程 1.5×2.0。水管距离浇筑层仓面分别为：垫层常态混凝土 1.0m，碾压混凝土 3m 升程 0.6m，碾压混凝土 6m 升程 0.90m。其余同工况 5。

工况 7：在碾压混凝土 6m 升程浇筑结束后即进行表面保温，采用 1cm 厚的大坝保温被；浇筑结束后的第一个低温季节对垫层和碾压混凝土 3m 升程表面进行保温，采用 2cm 厚的大坝保温被。其余同工况 5。

6.3 工况 1 计算结果分析

图 6.5～图 6.50 为工况 1 各特征点温度和 σ_1 变化过程线。

6.3.1 工况 1 温度计算结果分析

垫层混凝土浇筑初期，混凝土浇筑后由于水化热的作用，温度上升，内部到龄期 5d 出现最高温度，高程 1290.50m 垫层中心点 1（简称 1 点）为 37.59℃（见图 6.5），而事实上，在龄期 5～30d 期间，由于上层混凝土的浇筑，垫层混凝土中心部位处于一个较为平稳的时期，即混凝土的发热量和散热量接近（见

图6.5)。这时的传热主要有两部分:一部分由于新浇碾压混凝土温度较低,垫层混凝土的热量向上传递;另一部分向上游边界和基岩传递。此后温度开始下降,直到浇筑后6个月,温度才降至略高于多年平均温度的状态。由于混凝土表面处于层面裸露状态,散热速度较快,故温度峰值出现较早,另外,垫层施工时间为9月,外界平均温度较高,昼夜温差较大,因此混凝土的温度较高,温度波动幅度也加大,如高程1290.50m垫层上游侧表面点3(简称3点)在龄期3d出现31.37℃(见图6.9),此后在上游蓄水前,3点的温度随着外界环境温度的改变而变化。垫层混凝土仓面在上层浇筑前,其温度变化规律与表面点类似,不过由于垫层的高度远小于长度和宽度,仓面成为整个混凝土块的主要散热渠道,因此最高温度略高,内外温差也较大,如高程1291.00m垫层仓面点4(简称4点)在上层混凝土浇筑前,最高温度达32.35℃,比3点略高;当上层碾压混凝土浇筑后,4点变为内部点,这时一方面4点温度仍比较高,为30.72℃,而上层混凝土的浇筑温度较低,为26.52℃,而另一方面此时垫层混凝土的水化放热仍处高峰期,因此,4点的二次温升值通常比其他内部点更高,可达38.30℃(见图6.11)。另外,垫层混凝土直接浇筑在建基面上,而基岩温度较低(18.1℃),垫层混凝土的部分热量传递给岩体,因此,尽管垫层采用常态混凝土,绝热温升值较高,但最高温度则可能低于上层碾压混凝土的温度。

碾压混凝土第一升程(1.5m)浇筑后,因水化放热持续时间长、垫层混凝土的传热及无内部散热条件(仅表面散热),温度开始不断爬高,如高程1291.60m的内部点5(简称5点)到龄期20～30d维持了38.3℃左右的温度,此后温度缓慢下降(见图6.13)。由于坝体体积较大,受外界环境影响很小,散热较慢,因此混凝土内部温度需要较长时间才能达到温度状态,如5点到浇筑后6个月以后才维持略高于年平均温度的状态。碾压混凝土浇筑各层的表面点和仓面点温度变化规律与垫层混凝土类似,只是各点温度略有差别,此处不再赘述;各碾压混凝土升程的温升规律与5点类似,9月浇筑各内部点最高温度均在38.0℃以上,上述各部位特征点温度变化情况可见图6.15～图6.50中的温度变化过程线。

6.3.2 工况1应力计算结果分析

在分析工况1应力变化情况时,为了能够结合混凝土温度变化情况,主要对垫层混凝土的1点、3点、4点和碾压混凝土的5点作较为详细的分析。如图6.6所示,浇筑后的温升阶段早期(龄期前5d左右),1点出现了一定的压应力,最大仅−0.07MPa,这是由于:①早期弹性模量较小,还不够成熟,单位变形产生的应力较小;②内外温差较小,外部混凝土对内部混凝土的约束也较小;③混凝土自生体积变形较大,早期约产生了20个微应变,抵消了部分膨胀

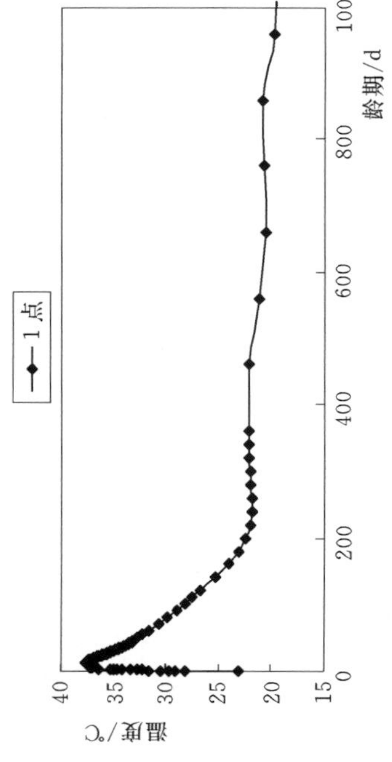

图 6.5 垫层中心 1 点的温度变化过程线

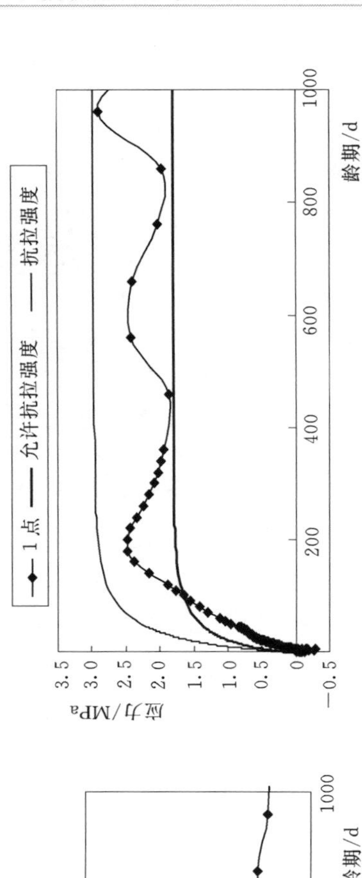

图 6.6 垫层中心 1 点的 σ_1 变化过程线

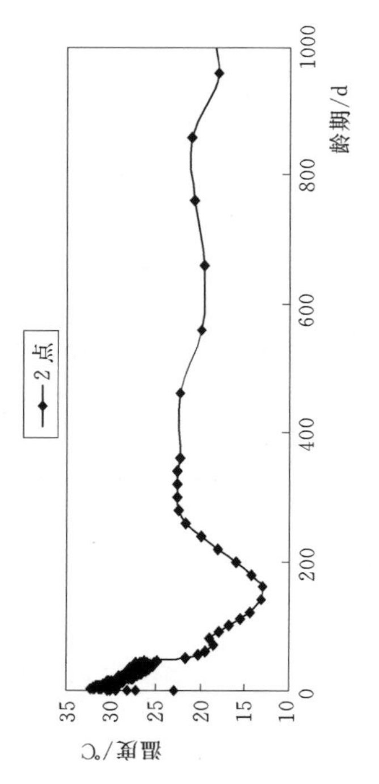

图 6.7 垫层横缝侧表面 2 点的温度变化过程线

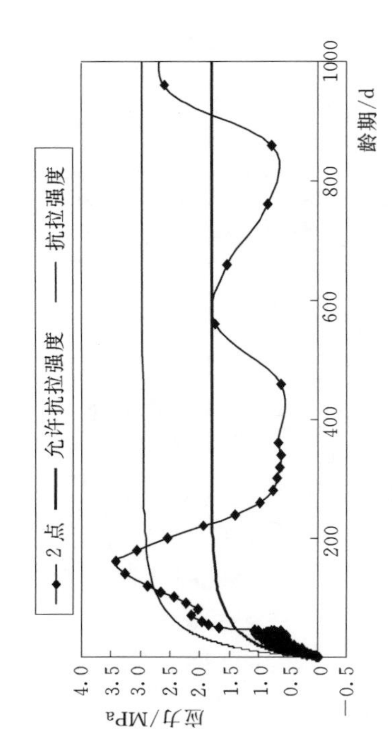

图 6.8 垫层横缝侧表面 2 点的 σ_1 变化过程线

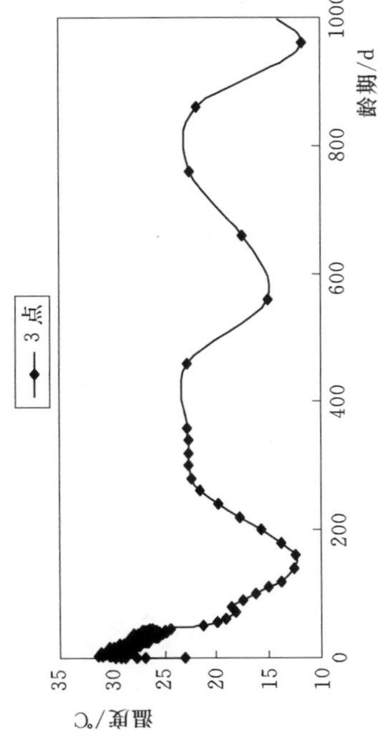

图 6.9　垫层上游侧表面 3 点的温度变化过程线

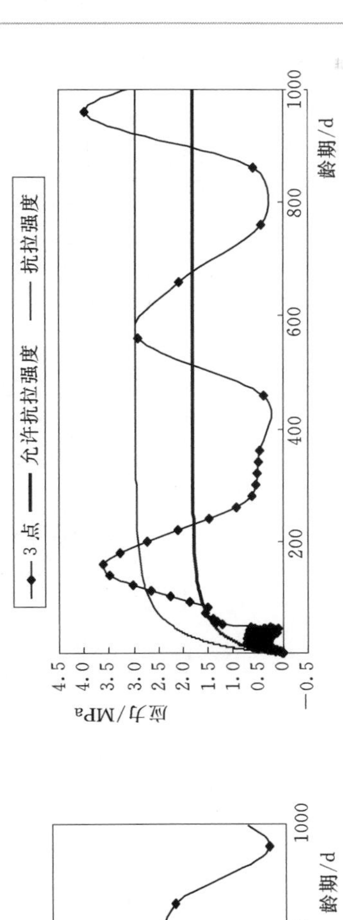

图 6.10　垫层上游侧表面 3 点的 σ_1 变化过程线

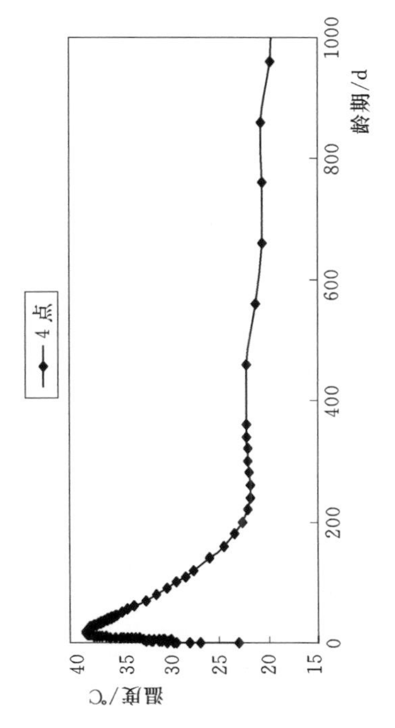

图 6.11　垫层仓面 4 点的温度变化过程线

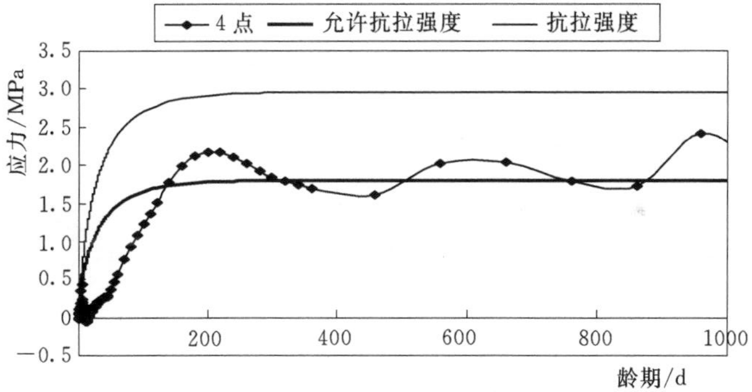

4 点　允许抗拉强度　抗拉强度

应力/MPa

3.5　3.0　2.5　2.0　1.5　1.0　0.5　0　−0.5

200　400　600　800　1000

龄期/d

图 6.12　垫层仓面 4 点的 σ_1 变化过程线

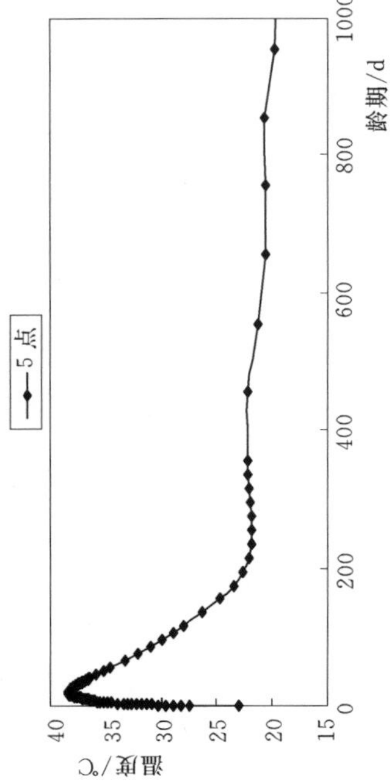

图 6.13 碾压混凝土内部 5 点的温度变化过程线

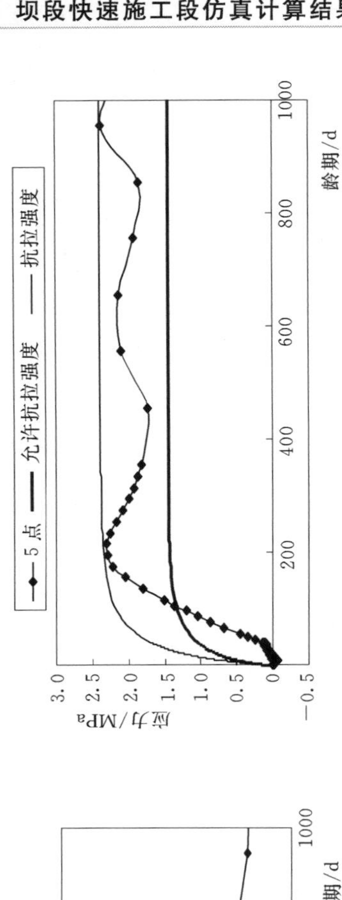

图 6.14 碾压混凝土内部 5 点的 σ_1 变化过程线

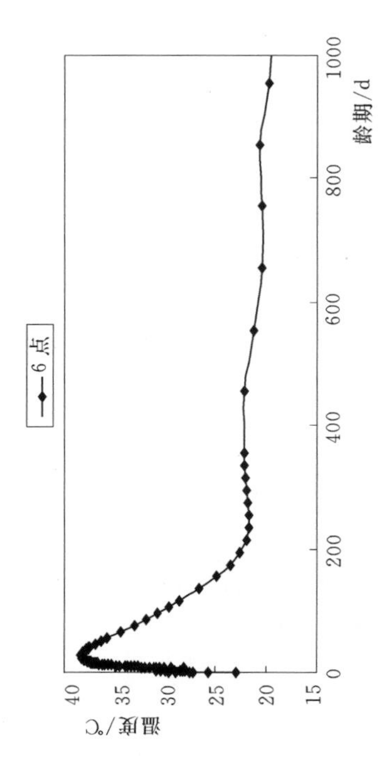

图 6.15 碾压混凝土内部 6 点的温度变化过程线

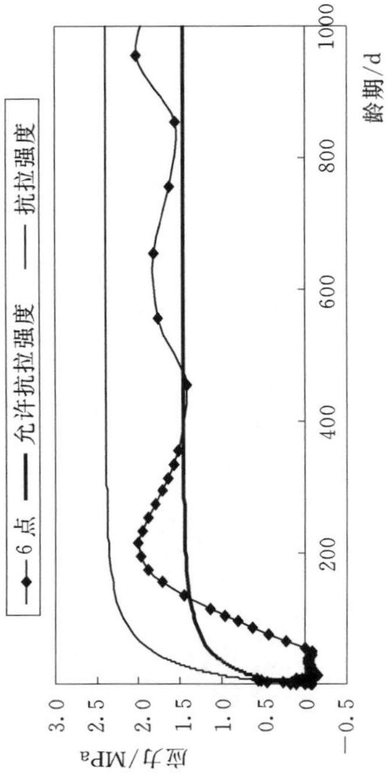

6 点
允许抗拉强度
抗拉强度
应力/MPa
龄期/d

图 6.16 碾压混凝土内部 6 点的 σ_1 变化过程线

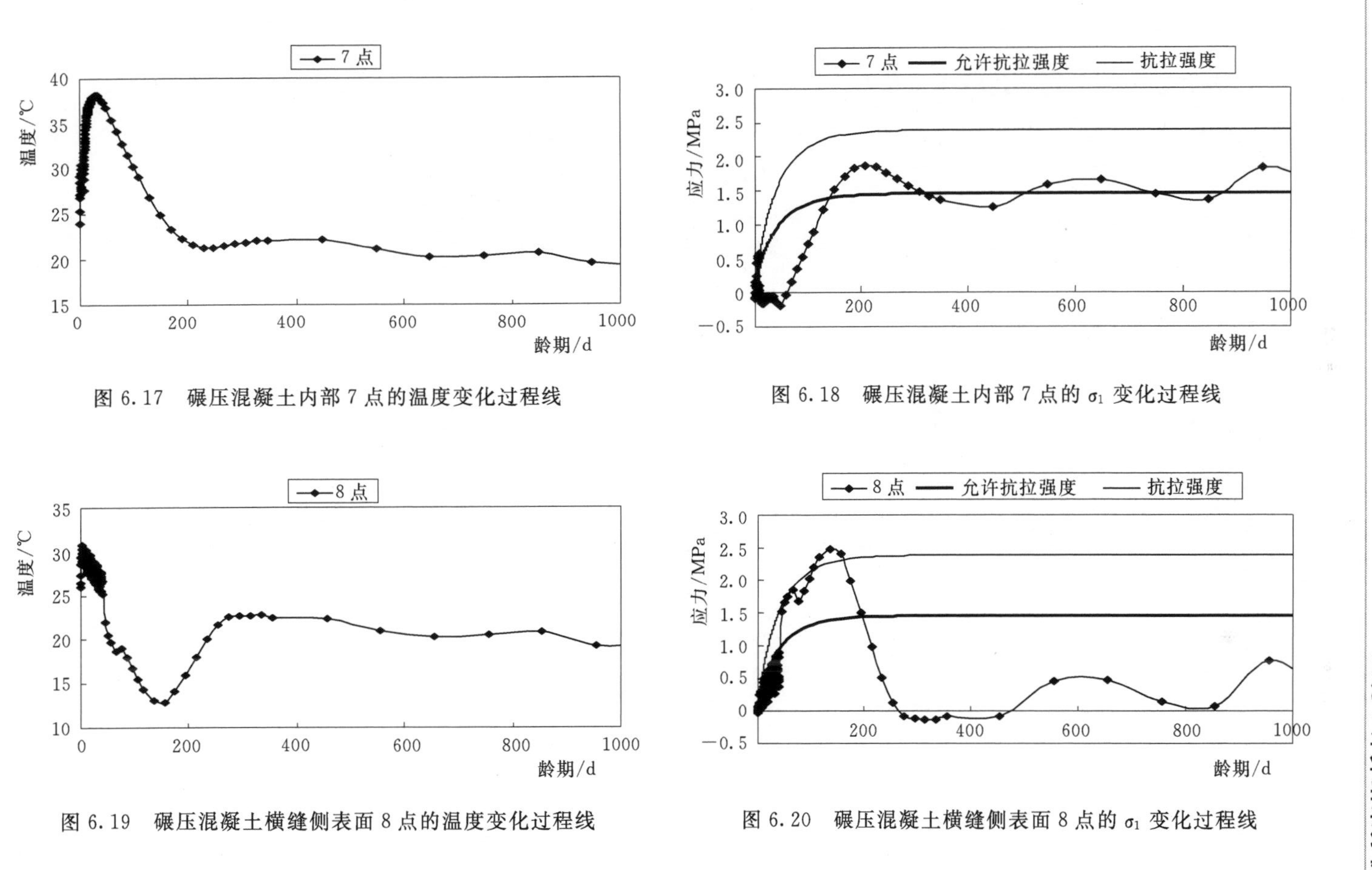

图 6.17 碾压混凝土内部 7 点的温度变化过程线

图 6.18 碾压混凝土内部 7 点的 σ_1 变化过程线

图 6.19 碾压混凝土横缝侧表面 8 点的温度变化过程线

图 6.20 碾压混凝土横缝侧表面 8 点的 σ_1 变化过程线

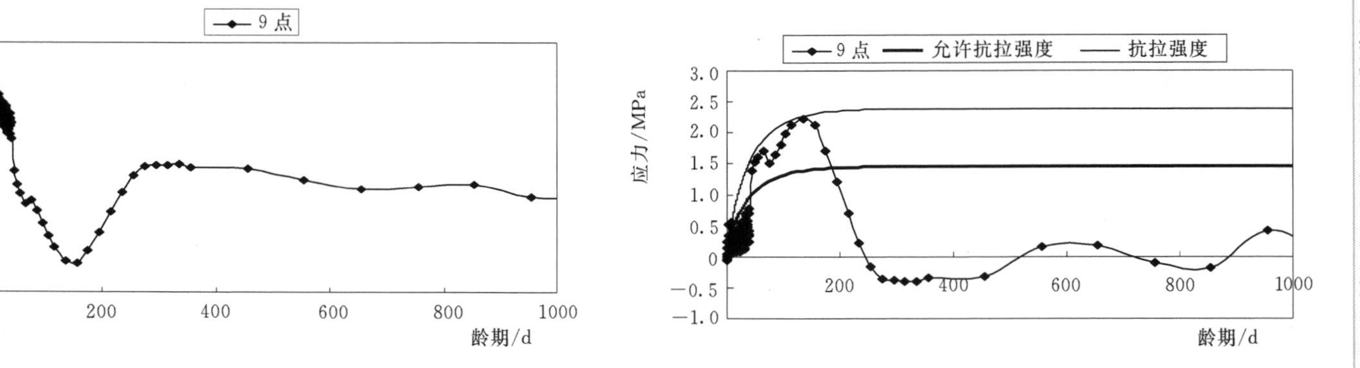

图 6.21 碾压混凝土横缝侧表面 9 点的温度变化过程线

图 6.22 碾压混凝土横缝侧表面 9 点的 σ_1 变化过程线

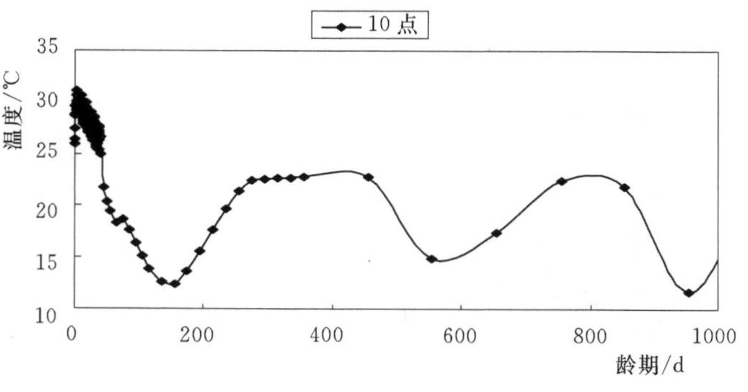

图 6.23 碾压混凝土上游侧表面 10 点的温度变化过程线

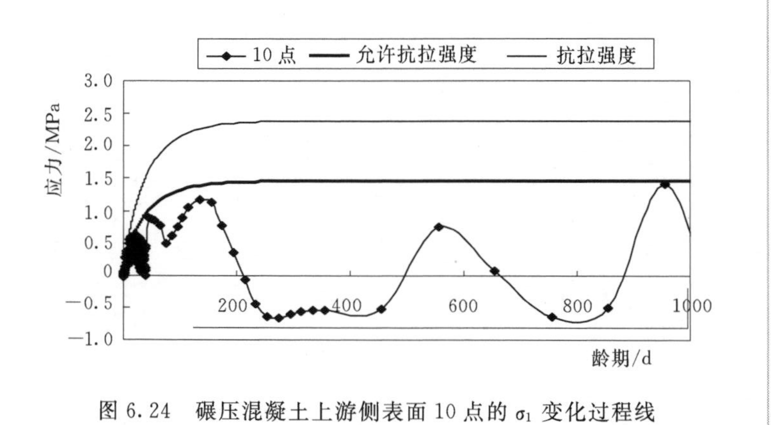

图 6.24 碾压混凝土上游侧表面 10 点的 σ_1 变化过程线

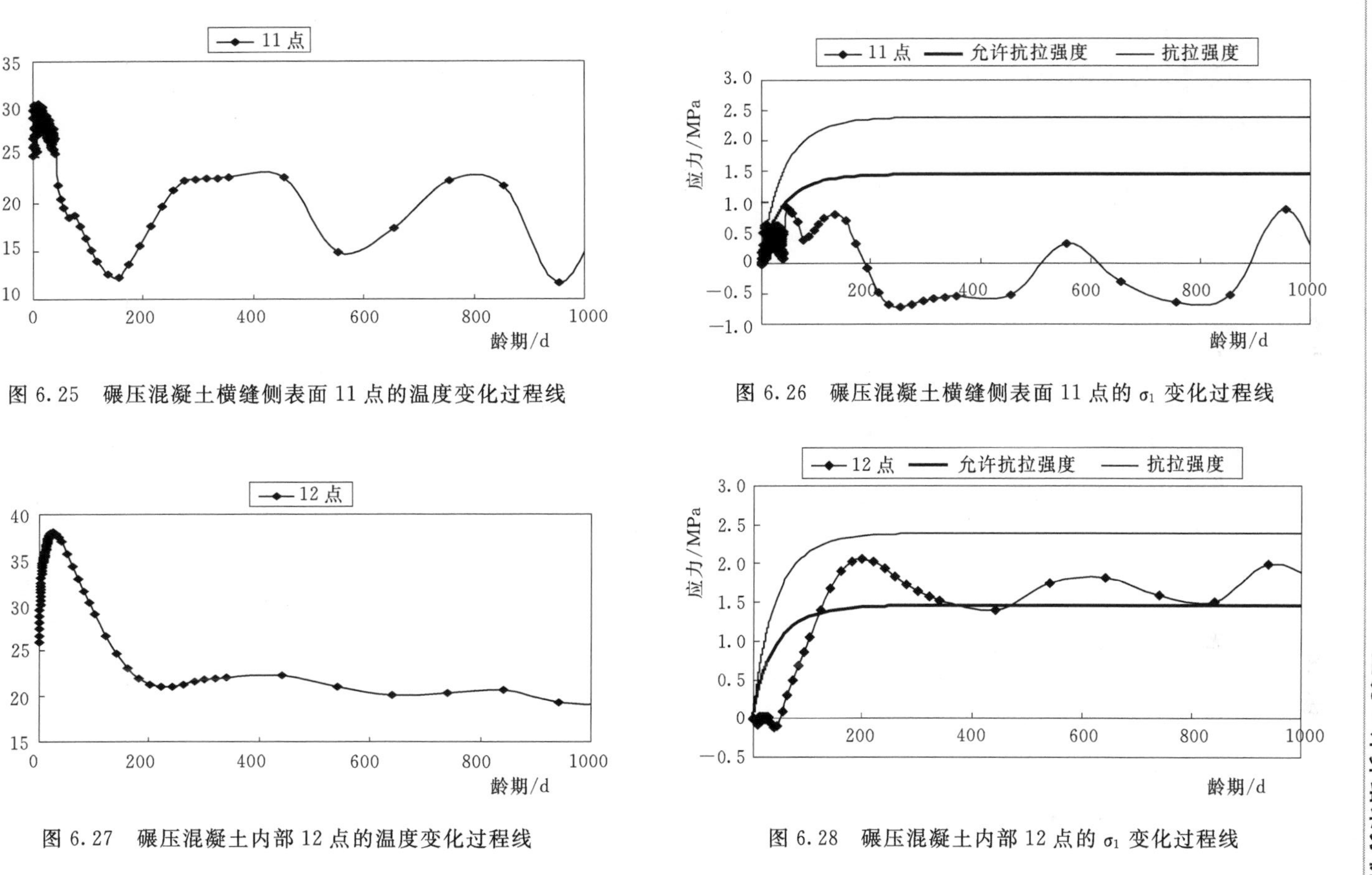

图 6.25 碾压混凝土横缝侧表面 11 点的温度变化过程线

图 6.26 碾压混凝土横缝侧表面 11 点的 σ_1 变化过程线

图 6.27 碾压混凝土内部 12 点的温度变化过程线

图 6.28 碾压混凝土内部 12 点的 σ_1 变化过程线

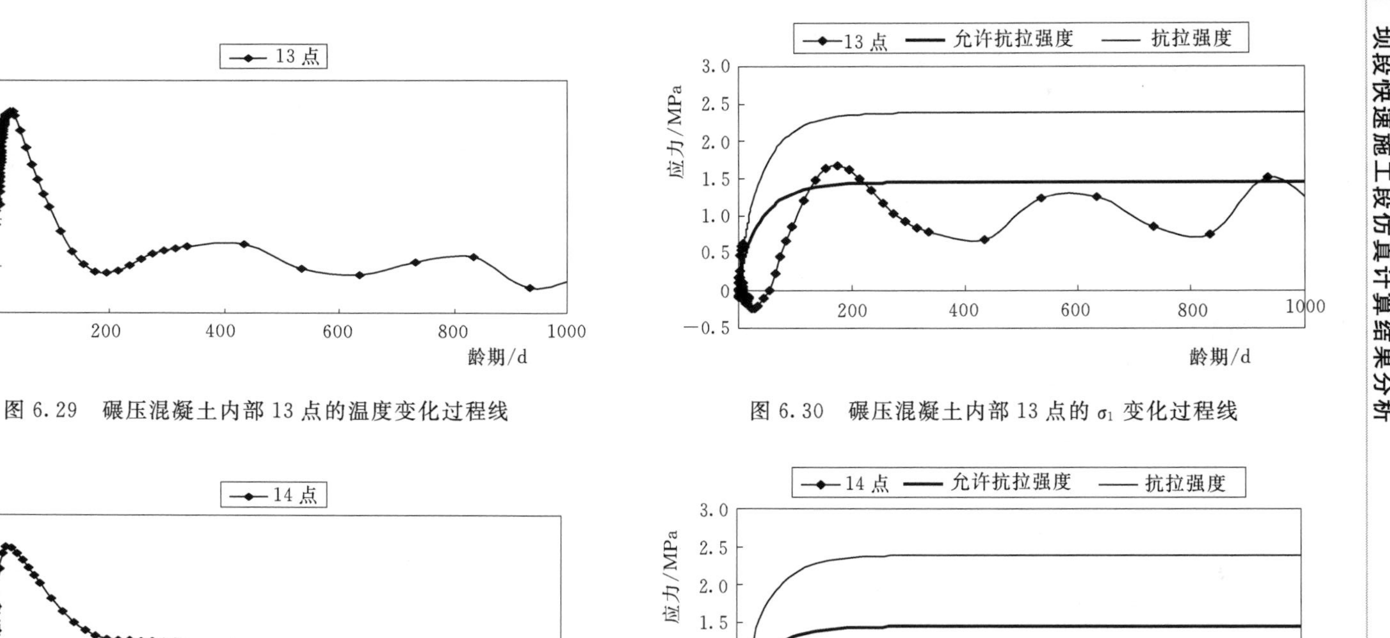

图 6.29 碾压混凝土内部 13 点的温度变化过程线

图 6.30 碾压混凝土内部 13 点的 σ_1 变化过程线

图 6.31 碾压混凝土试验段仓面 14 点的温度变化过程线

图 6.32 碾压混凝土试验段仓面 14 点的 σ_1 变化过程线

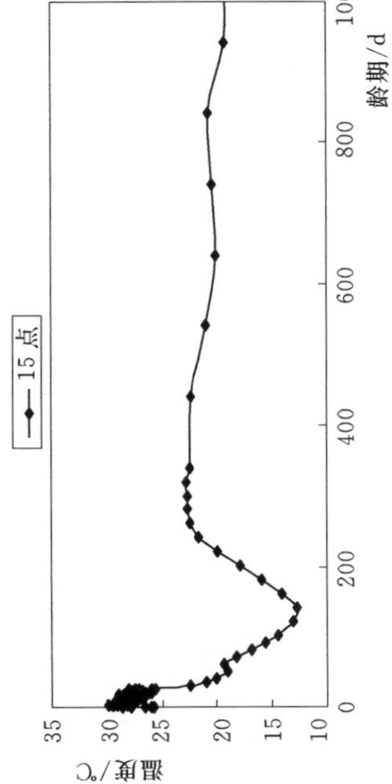

图 6.33　碾压混凝土横缝侧表面 15 点的温度变化过程线

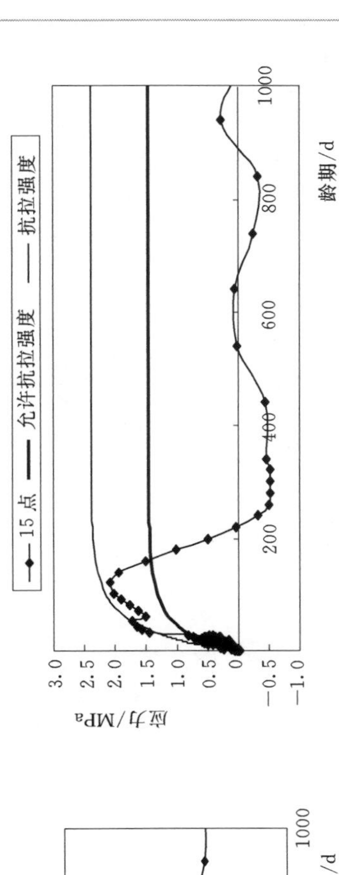

图 6.34　碾压混凝土横缝侧表面 15 点的 σ_1 变化过程线

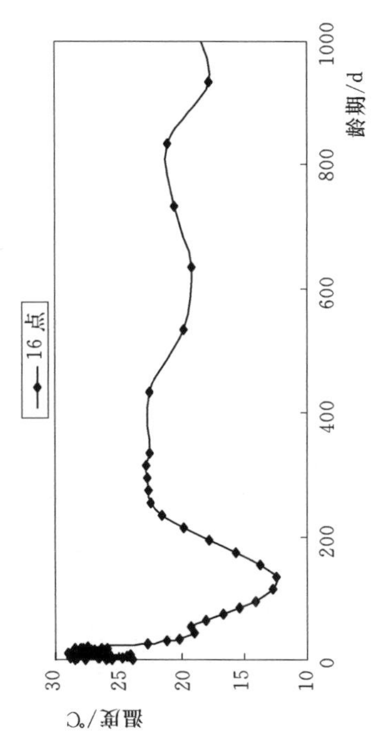

图 6.35　碾压混凝土横缝侧表面 16 点的温度变化过程线

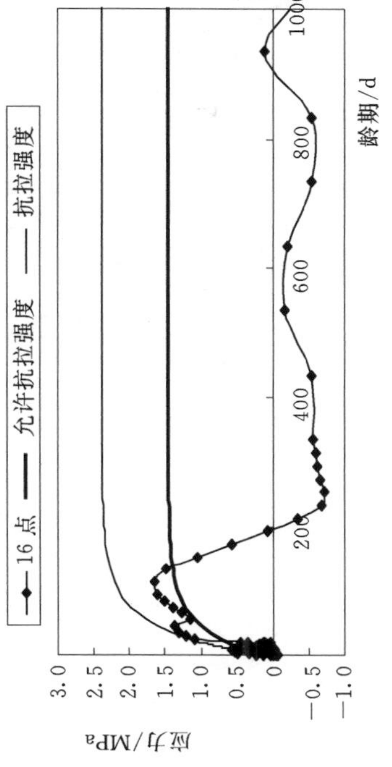

图 6.36　碾压混凝土横缝侧表面 16 点的 σ_1 变化过程线

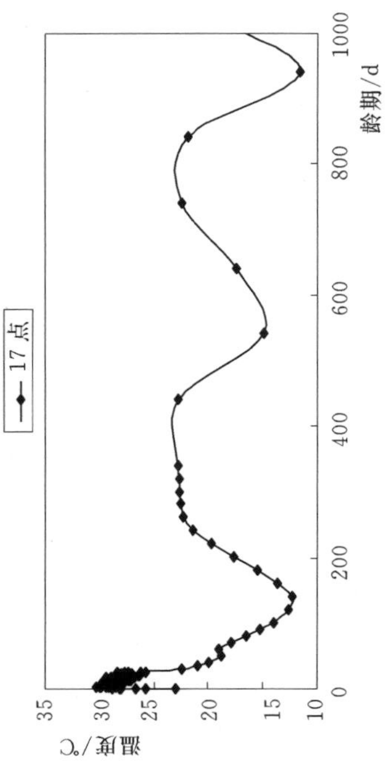

图 6.37 碾压混凝土上游侧表面 17 点的温度变化过程线

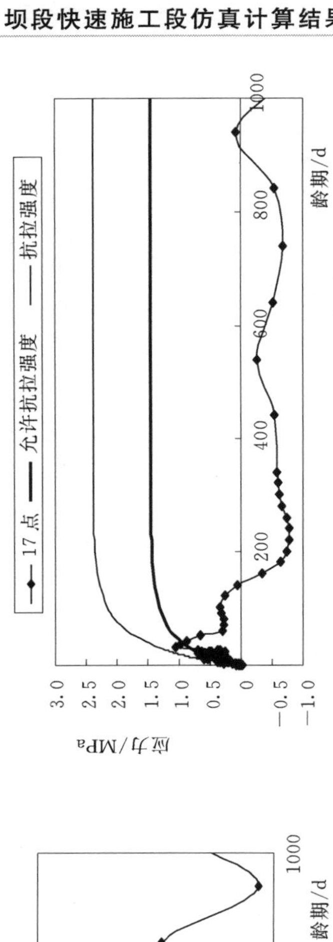

图 6.38 碾压混凝土上游侧表面 17 点的 σ_1 变化过程线

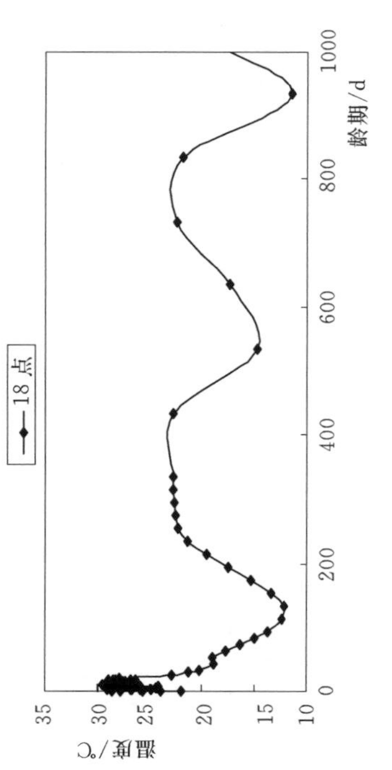

图 6.39 碾压混凝土上游侧表面 18 点的温度变化过程线

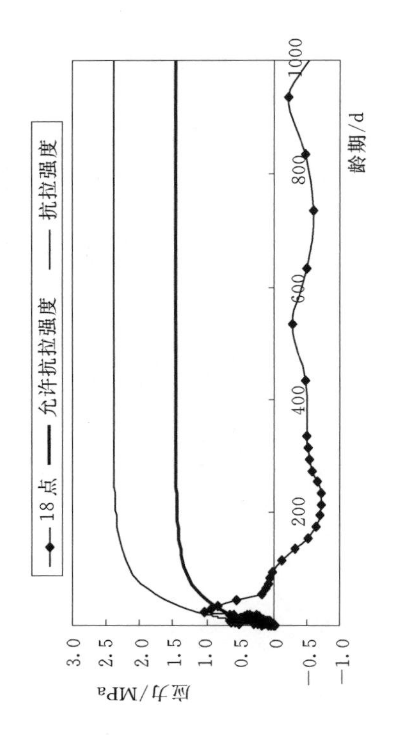

图 6.40 碾压混凝土上游侧表面 18 点的 σ_1 变化过程线

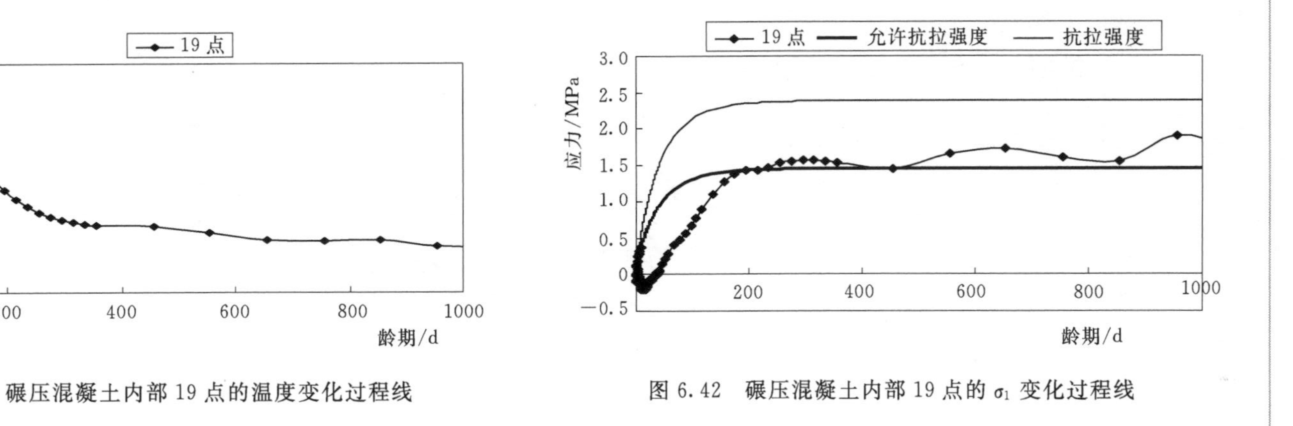

图 6.41 碾压混凝土内部 19 点的温度变化过程线

图 6.42 碾压混凝土内部 19 点的 σ_1 变化过程线

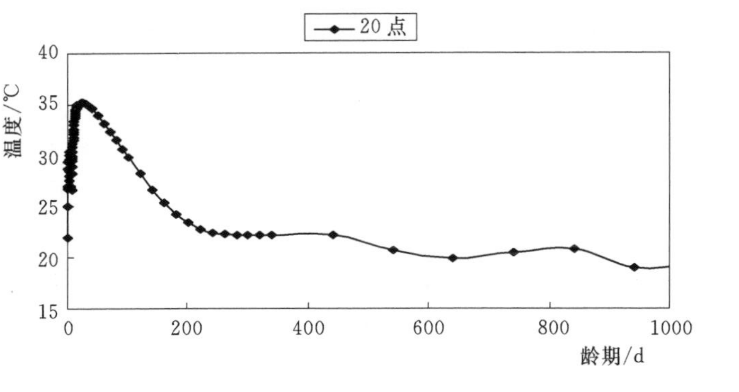

图 6.43 碾压混凝土内部 20 点的温度变化过程线

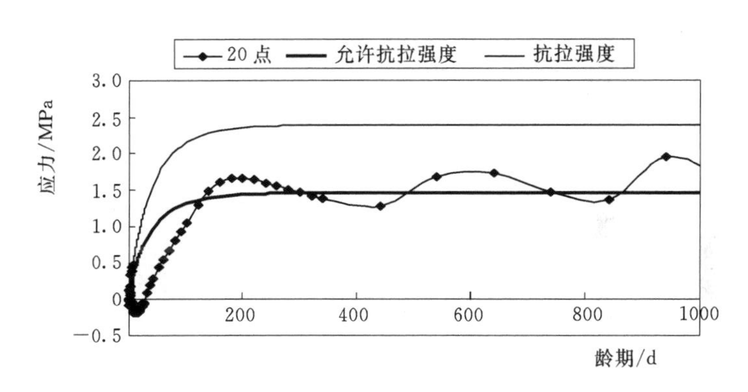

图 6.44 碾压混凝土内部 20 点的 σ_1 变化过程线

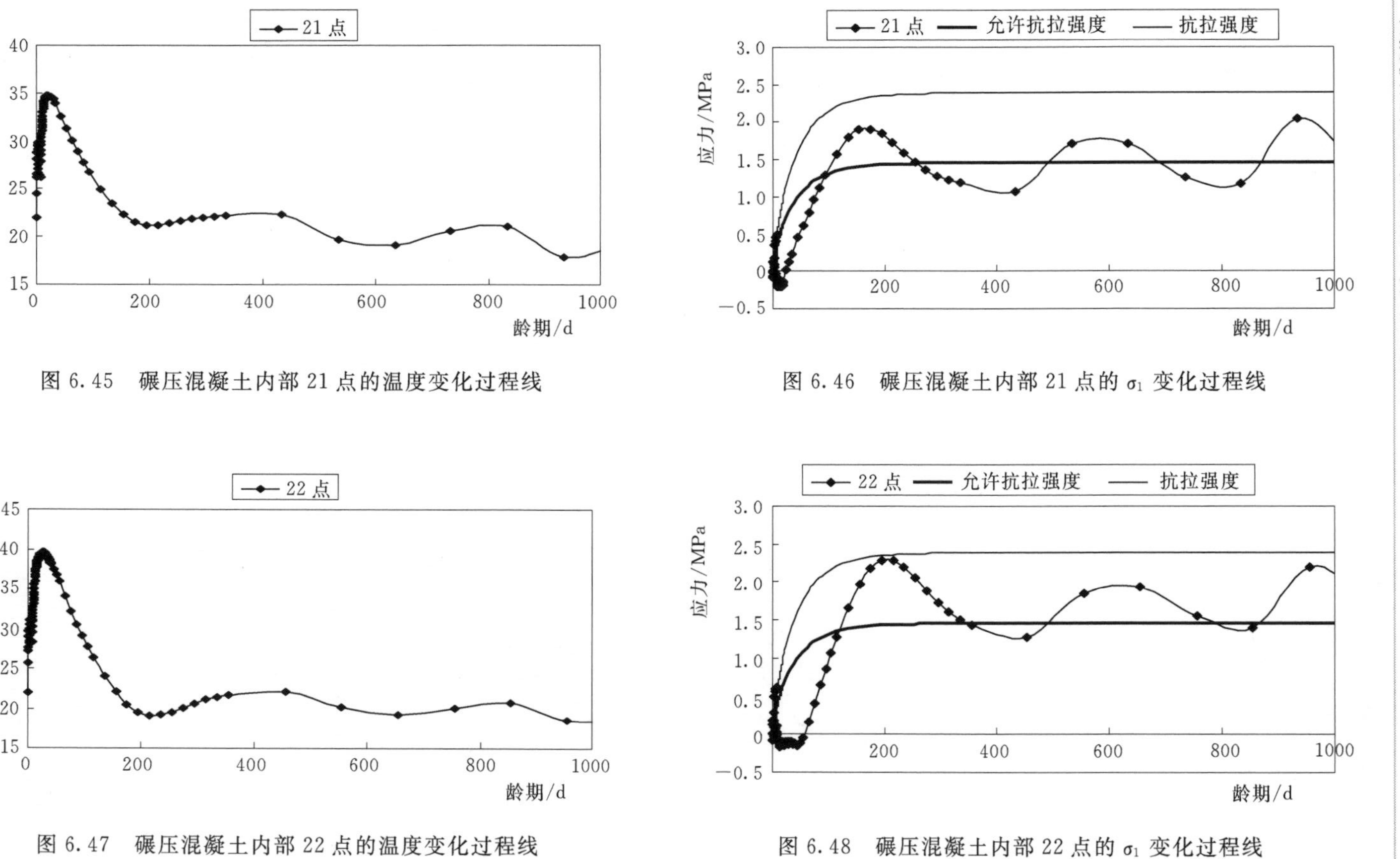

图 6.45　碾压混凝土内部 21 点的温度变化过程线

图 6.46　碾压混凝土内部 21 点的 σ_1 变化过程线

图 6.47　碾压混凝土内部 22 点的温度变化过程线

图 6.48　碾压混凝土内部 22 点的 σ_1 变化过程线

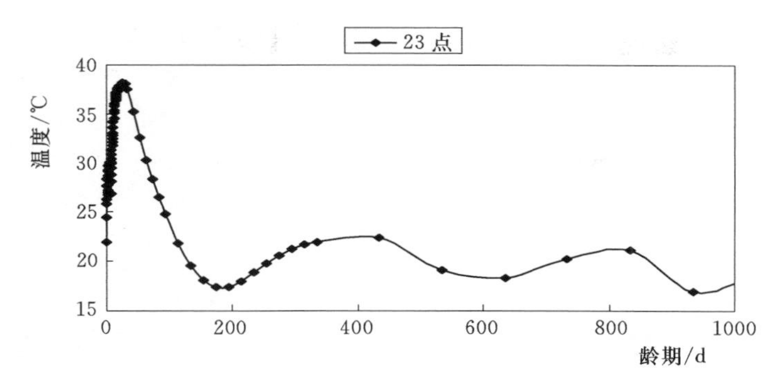

图 6.49 碾压混凝土内部 23 点的温度变化过程线

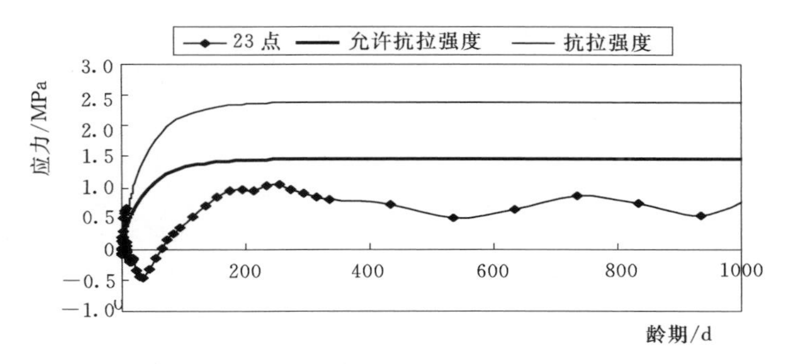

图 6.50 碾压混凝土内部 23 点的 σ_1 变化过程线

变形。而此后温度处于缓慢变化阶段（龄期 5～30d），即由温度变形产生的应力较小，拉应力的产生主要由自生体积变形（约产生 40 个微应变）受基岩约束引起，即在龄期 5～30d 混凝土拉应力的增大主要受自生体积变形的影响；而 30d 以后，混凝土的温度开始降低至一个相对稳定期，而自生体积变形已经很小，因此拉应力的增加主要是温度变形受基岩约束所致。从整个施工期应力变形来看，1 点的拉应力从龄期 5d 时开始升高，直到浇筑后的第一个冬春季，达到最大拉应力 2.47MPa，其抗裂安全度超过了 1.65，仅为 1.2（见图 6.6），因此该部位在浇筑后的第一个冬春季开裂及以后每个冬春季（施工期）均有较大的开裂风险。

而对于表面点，由于早期内外温差较小，自生约束产生的温度应力较小，另外，早期混凝土的自生体积变形通常表现为整体的变形，而混凝土表面受基岩约束又较小，因此自生体积变形对混凝土表面应力影响一般是很小的，即早期混凝土表面的拉应力主要是内外温度差受混凝土自生的约束产生的。由图 6.10 可知，3 点早期拉应力基本满足抗裂安全度 1.65 的要求，抗裂安全度最小为 1.73，出现在龄期第 10d 的低温时段。但是，尽管垫层混凝土表面早期的拉应力能够满足要求，但是由于浇筑期间环境温度较高，即3点的温度较高，因此等进入秋冬季后，温度开始大幅降低，而此时内部混凝土的温度受外界温度的影响则相对很小且滞后，导致在浇筑后的第一个冬季出现了最大的内外温差，使得3点出现了很大的拉应力，在龄期80d（11月）出现了1.57MPa的拉应力，略微超过允许抗拉强度1.52MPa，到了龄期110d（12月）拉应力达到2.64MPa，接近抗拉强度2.75MPa，直到160d（次年1—2月）达到拉应力的峰值3.62MPa（见图6.10），可见在没有任何温控措施的情况下，按9月施工来算，混凝土裸露表面易在浇筑结束后的下一个秋冬季开裂。

垫层混凝土仓面在上层混凝土浇筑前，应力变化情况与表面点类似，只是由于仓面混凝土的内外温差通常稍大，因此，产生的应力也较大，如4点在龄期出现0.35MPa的拉应力，略微超过了允许抗拉强度0.32MPa（见图6.12）。而在上层混凝土浇筑后，其应力变化规律又与内部点类似，如4点在龄期200d产生了2.17MPa的拉应力，超过了允许抗拉强度1.76MPa。

虽然碾压混凝土的自生体积变形量和绝热温升值及规律与垫层常态混凝土存在差异，但是其引起的应力变化规律是类似的，因此此处仅作简要分析，如5点浇筑后30d内，应力基本处于零应力状态，这是由于温升引起的膨胀变形与自生体积收缩变形相持平。此后，随着温度降低，应力逐渐增大，到龄期200d出现了第一个应力峰值2.30MPa，接近抗拉强度2.35MPa（见图6.14），有开裂的风险，这里由于同标号的碾压混凝土的强度小于常态混凝土，因此，产生同样大小的拉应力给常态混凝土和碾压混凝土带来的抗裂压力是不同的。碾压混凝土各层表面、仓面和内部各特征点应力变化规律与上述分析的类似，此处不再赘述。

从整体上看，在混凝土中心区域温度在38.0℃以上，龄期40d时M_1截面中36.0℃以上的高温区占整个截面的50%左右，32.0～36.0℃的次高温区占25%，这是由于混凝土的热惰性导致热量在内部积聚。另外，越靠近表面，温度梯度越大，距离中心越近温度梯度越小。龄期40d在基础强约束区表面和内部均出现一定的拉应力，最大为0.8MPa，而基础弱约束区则基本处于零应力状态。从各个浇筑层中心水平截面可以看出，浇筑块越厚内部温度越高，如碾压混凝土6m升程的Z_3截面，在龄期40d，中心区域最高温度可达到39.0℃以上。随龄期，混凝土内部温度缓慢降低且高温区向右上移动，如在龄期220d，混凝土内最高温度为29.0℃左右，集中在截面上部区域。龄期220d为混凝土内部应力达到的第一个峰值，如M_1截面的基础强约束区部位应力为1.5～2.0MPa，最大的甚至达到2.5MPa。到了龄期960d，若坝体还未蓄水，则24号坝段试验段温度开始趋于稳定，强约束区拉应力为2.0～2.5MPa。

6.4 工况 2 计算结果分析

该工况在工况 1 的基础上采取快速施工方法，且垫层浇筑结束后间歇 15d。本节主要对垫层常态混凝土和坝体碾压混凝土内部各点（包括仓面点）和上游侧表面各点进行分析。

图 6.51～图 6.96 为工况 2 各特征点的温度和 σ_1 变化过程线。

1. *混凝土内部温度和应力变化情况*

与工况 1 的情况不同，工况 2 的垫层混凝土在浇筑后间歇 15d，即混凝土仓面的吸热（或散热）时间增加（混凝土浇筑初期温度低于日均温度时吸热，随着水化放热，混凝土温度升高后开始散热），而垫层混凝土厚度仅 2m，到龄期 15d，其内部温度已降至一定程度，如 1 点在龄期 15d 时温度为 33.45℃，而该点最高温度为 37.81℃（见图 6.51），此后上层新混凝土浇筑，1 点开始处于一段温度平稳期，这是由于上几层碾压混凝土的浇筑，大大减小了垫层的散热能力所致。而正因为增加了垫层的散热时间，使得 1 点的后期拉应力也比工况 1 的小，如图 6.52 所示，在龄期 200d 左右，产生拉应力 1.72MPa，但仍超过允许抗拉强度 1.46MPa（$k=2.00$）。可见增加间歇时间，有利于减小内部拉应力，但却会增加上层混凝土的约束力度。

间歇时间对混凝土仓面层影响较大，如 4 点，龄期前 15d，在达到最高温度后，温度开始下降，内外温差逐渐增大，形成了较大的拉应力，在龄期 8d，出现最小抗裂安全度 1.2（拉应力为 0.78MPa），比工况 1 的情况危险。但是，到了龄期 200d 时，其产生的最大拉应力为 1.83MPa，超过允许抗拉强度 1.46MPa，比工况 1 的情况又更安全。详细情况如图 6.11、图 6.12（工况 1）和图 6.57、图 6.58（工况 2）所示。

碾压混凝土快速施工的 3m 升程，内部 5 点、6 点的最高温升分别在龄期 20d 左右出现，分别为 37.27℃（见图 6.59）和 38.91℃（见图 6.61）。在浇筑后 6 个月左右出现了超过允许抗拉强度的拉应力值，如 5 点最大拉应力为 1.52MPa（见图 6.60），6 点最大拉应力为 1.50MPa（见图 6.62），比 5 点略小。

高程 1295.00m 的仓面 7 点将在 7.5 节进行重点分析。

在碾压混凝土快速施工的 6m 升程中，高程 12995.60m 和高程 1298.00m 的内部 12 点、13 点的最高温度均在龄期 23d 左右出现，分别为 40.62℃（见图 6.73）和 40.50℃（见图 6.75）。在浇筑后 6 个月左右，出现了接近允许抗拉强度（1.20MPa）的拉应力，分别为 1.34MPa（见图 6.74）和 1.19MPa（见图 6.76）。

从上述结果可以看出，混凝土的最大拉应力基本上沿高程逐渐减小，因此，

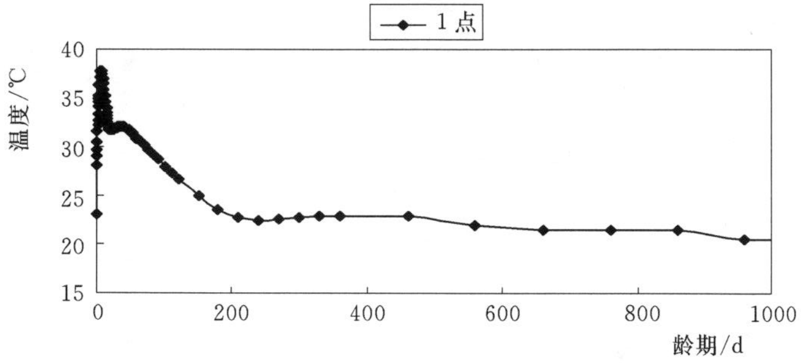

图 6.51 垫层中心 1 点的温度变化过程线

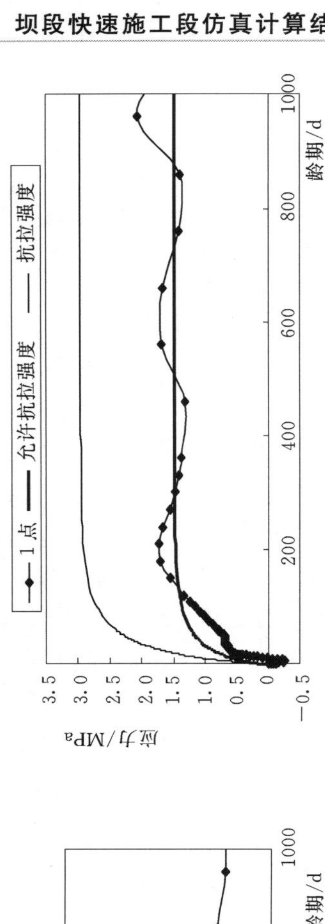

图 6.52 垫层中心 1 点的 σ_1 变化过程线

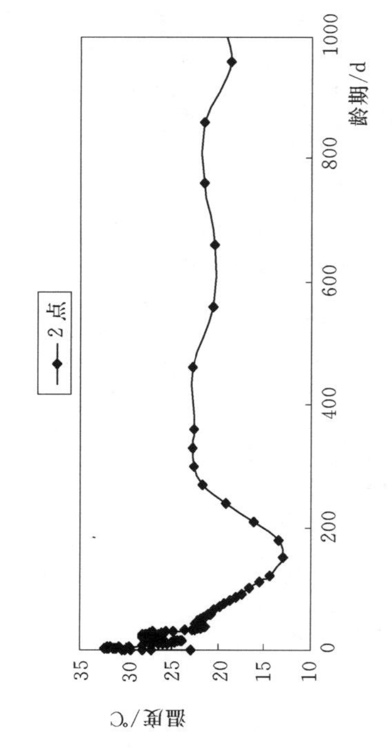

图 6.53 垫层横缝侧表面 2 点的温度变化过程线

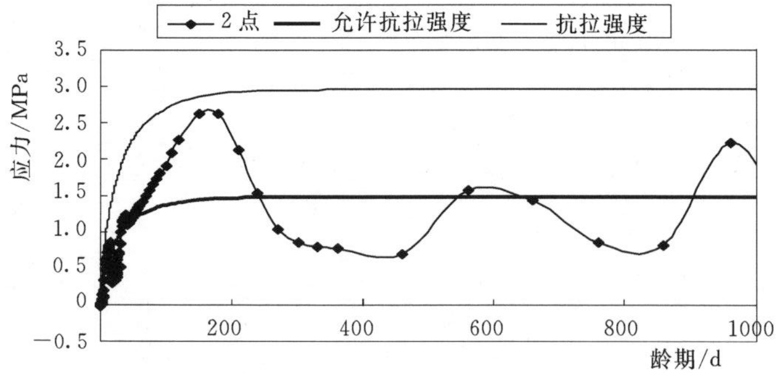

图 6.54 垫层横缝侧表面 2 点的 σ_1 变化过程线

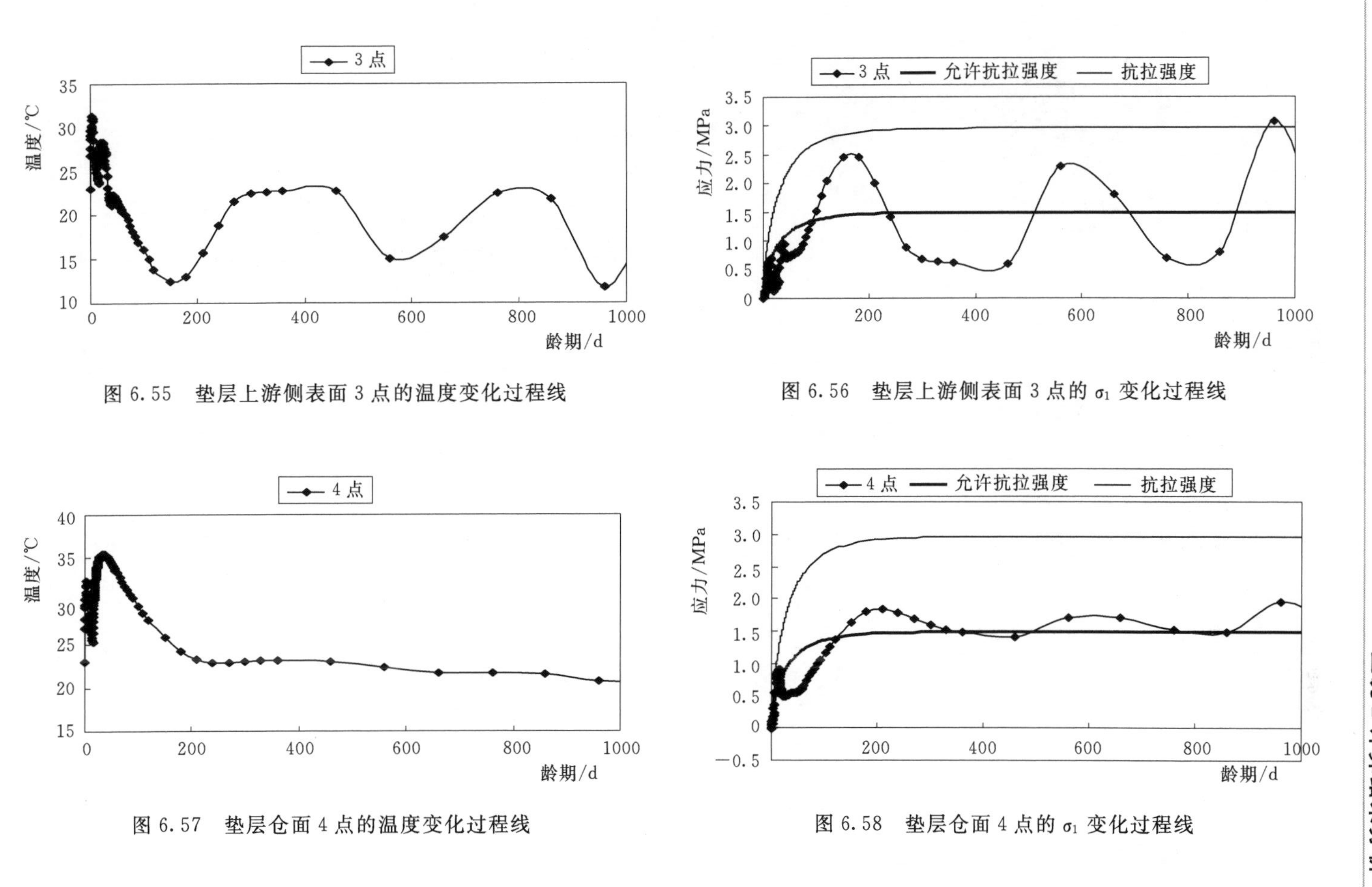

图 6.55　垫层上游侧表面 3 点的温度变化过程线

图 6.56　垫层上游侧表面 3 点的 σ_1 变化过程线

图 6.57　垫层仓面 4 点的温度变化过程线

图 6.58　垫层仓面 4 点的 σ_1 变化过程线

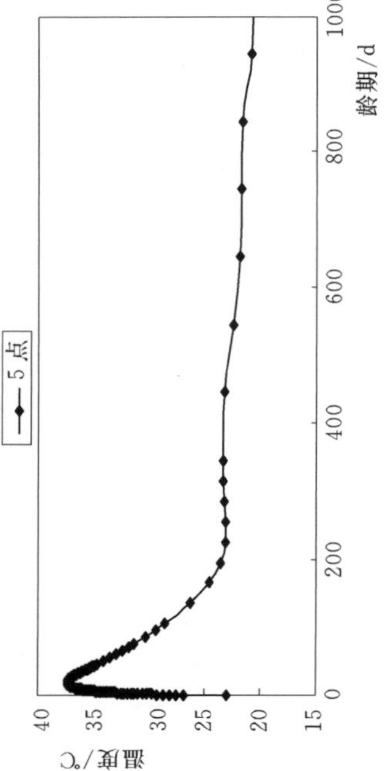

图 6.59 碾压混凝土内部 5 点的温度变化过程线

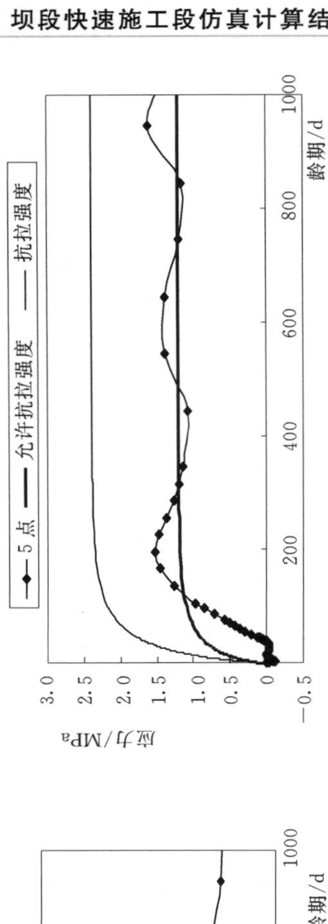

图 6.60 碾压混凝土内部 5 点的 σ_1 变化过程线

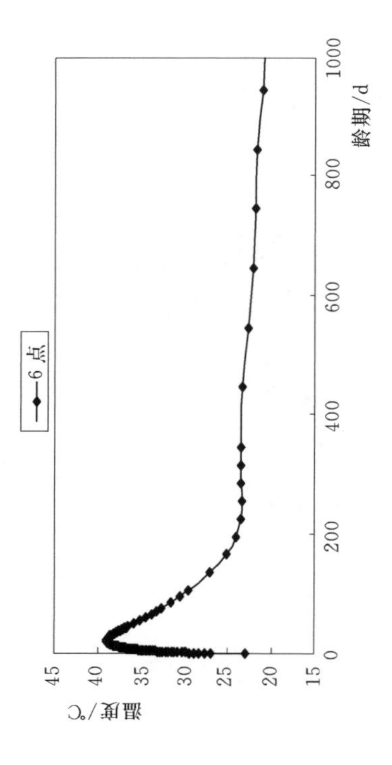

图 6.61 碾压混凝土内部 6 点的温度变化过程线

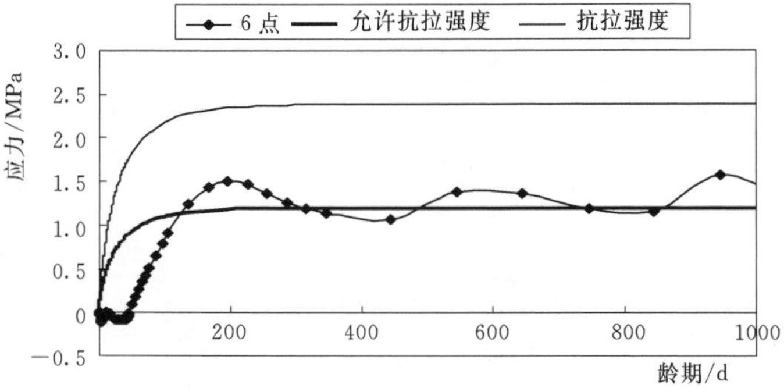

图 6.62 碾压混凝土内部 6 点的 σ_1 变化过程线

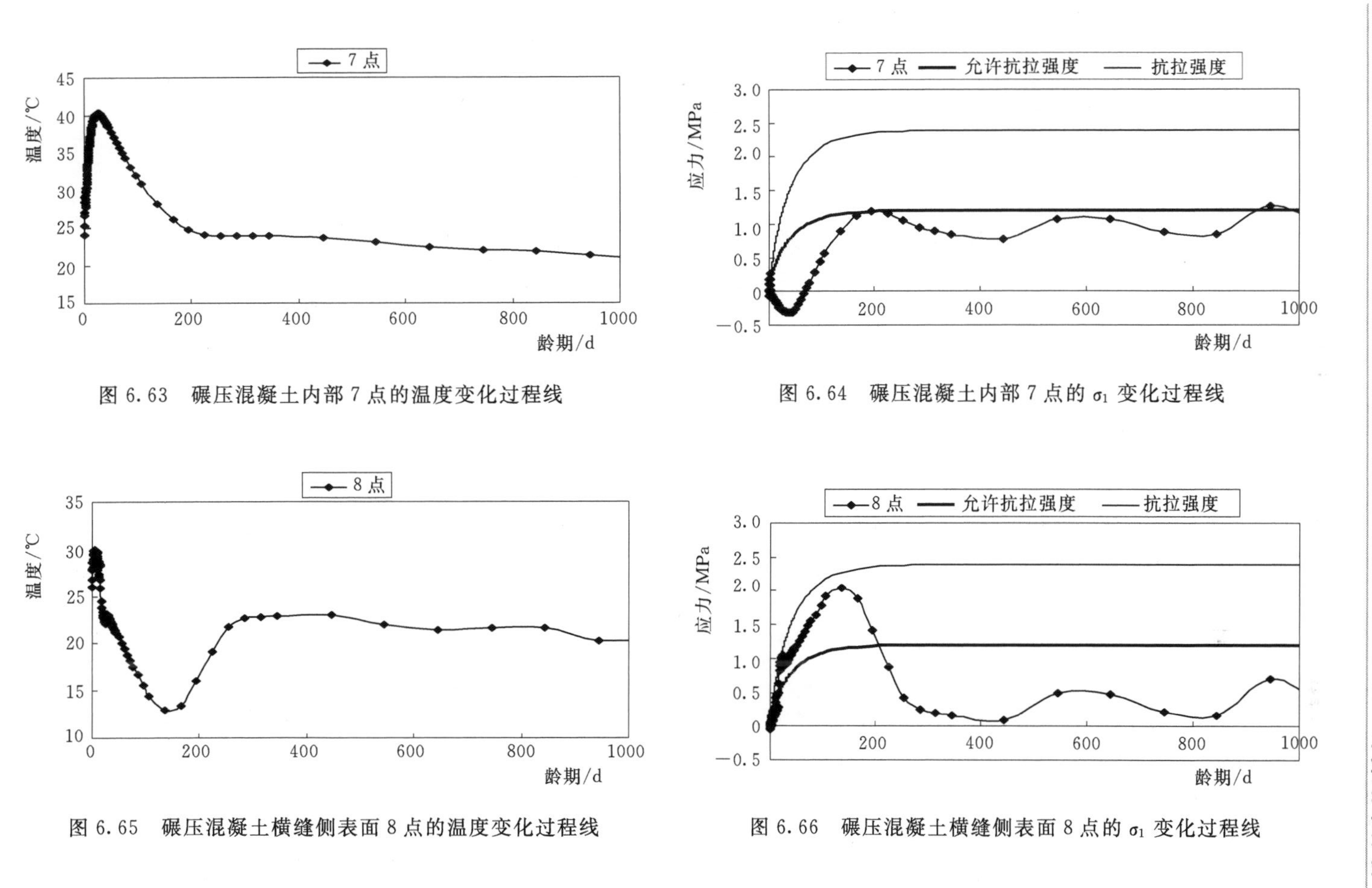

图 6.63 碾压混凝土内部 7 点的温度变化过程线

图 6.64 碾压混凝土内部 7 点的 σ_1 变化过程线

图 6.65 碾压混凝土横缝侧表面 8 点的温度变化过程线

图 6.66 碾压混凝土横缝侧表面 8 点的 σ_1 变化过程线

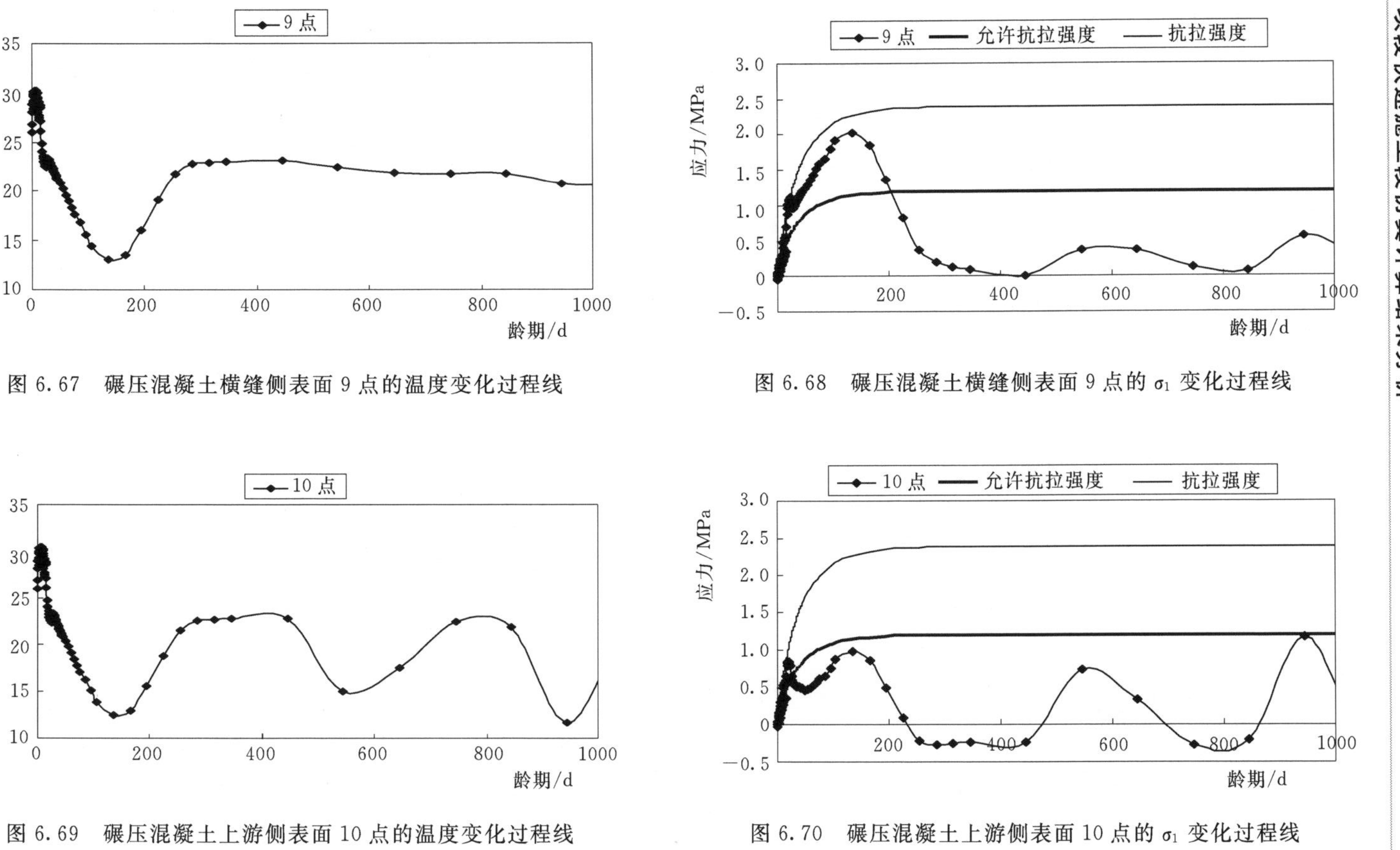

图 6.67 碾压混凝土横缝侧表面 9 点的温度变化过程线

图 6.68 碾压混凝土横缝侧表面 9 点的 σ_1 变化过程线

图 6.69 碾压混凝土上游侧表面 10 点的温度变化过程线

图 6.70 碾压混凝土上游侧表面 10 点的 σ_1 变化过程线

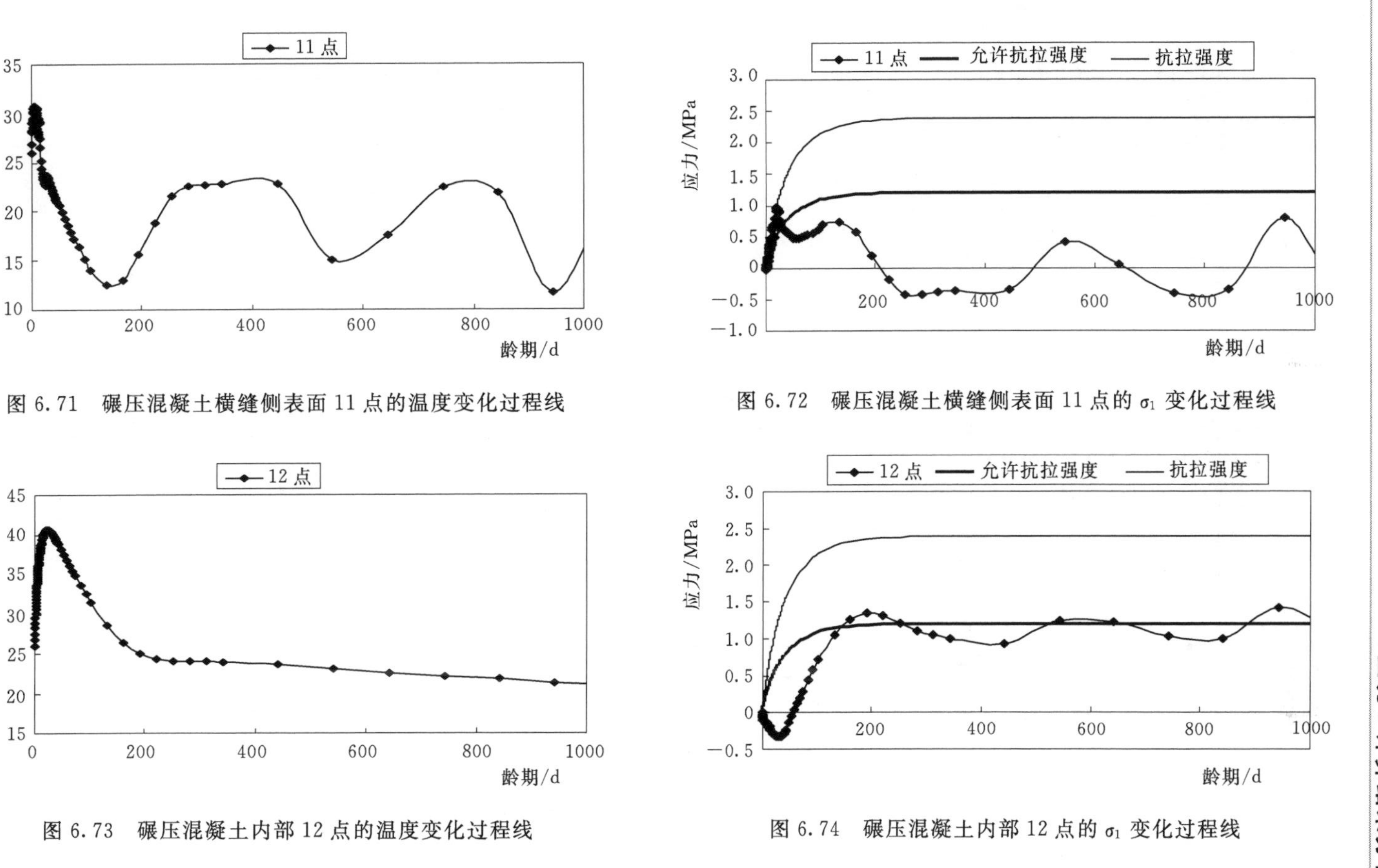

图 6.71 碾压混凝土横缝侧表面 11 点的温度变化过程线

图 6.72 碾压混凝土横缝侧表面 11 点的 σ_1 变化过程线

图 6.73 碾压混凝土内部 12 点的温度变化过程线

图 6.74 碾压混凝土内部 12 点的 σ_1 变化过程线

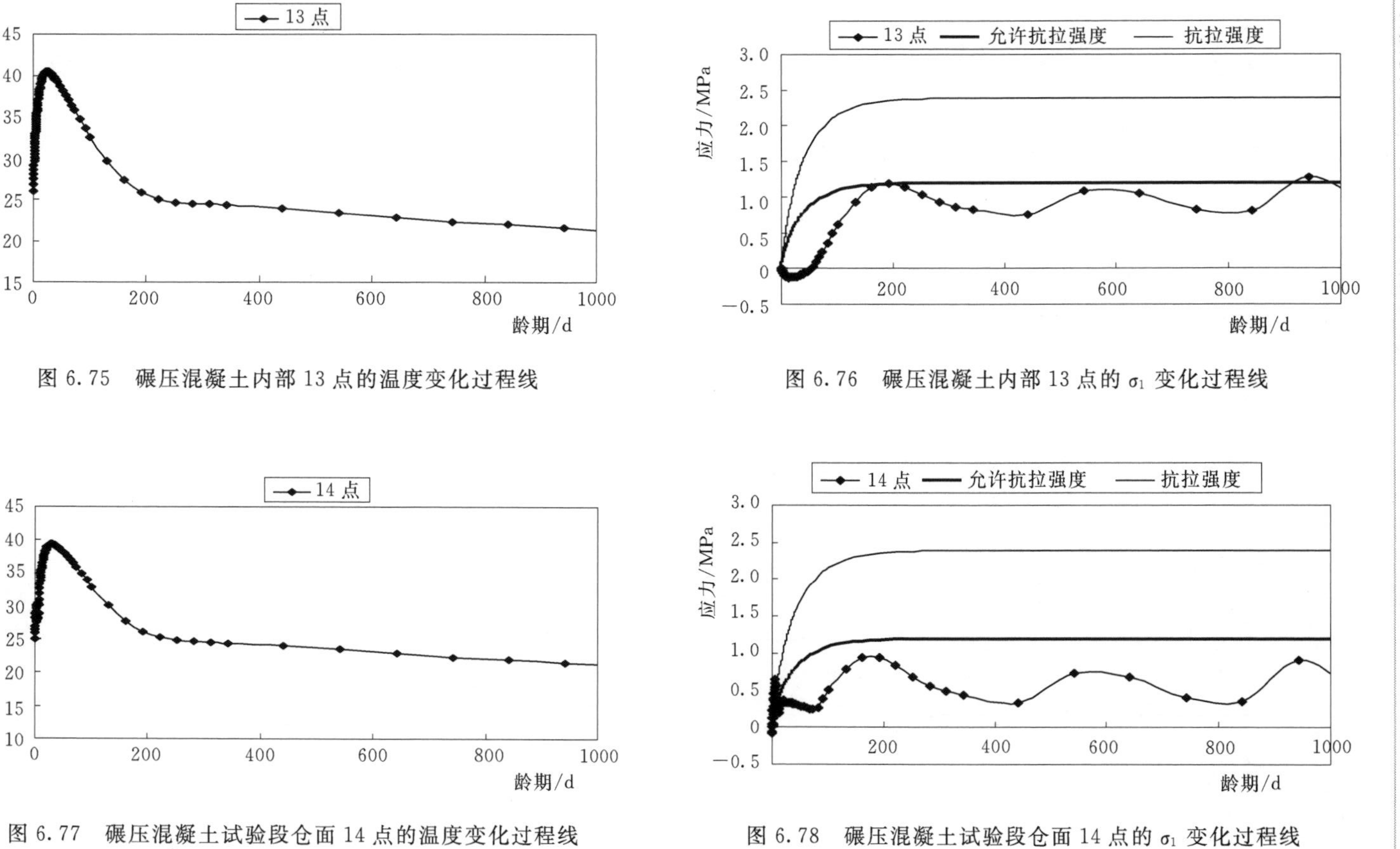

图 6.75 碾压混凝土内部 13 点的温度变化过程线

图 6.76 碾压混凝土内部 13 点的 σ_1 变化过程线

图 6.77 碾压混凝土试验段仓面 14 点的温度变化过程线

图 6.78 碾压混凝土试验段仓面 14 点的 σ_1 变化过程线

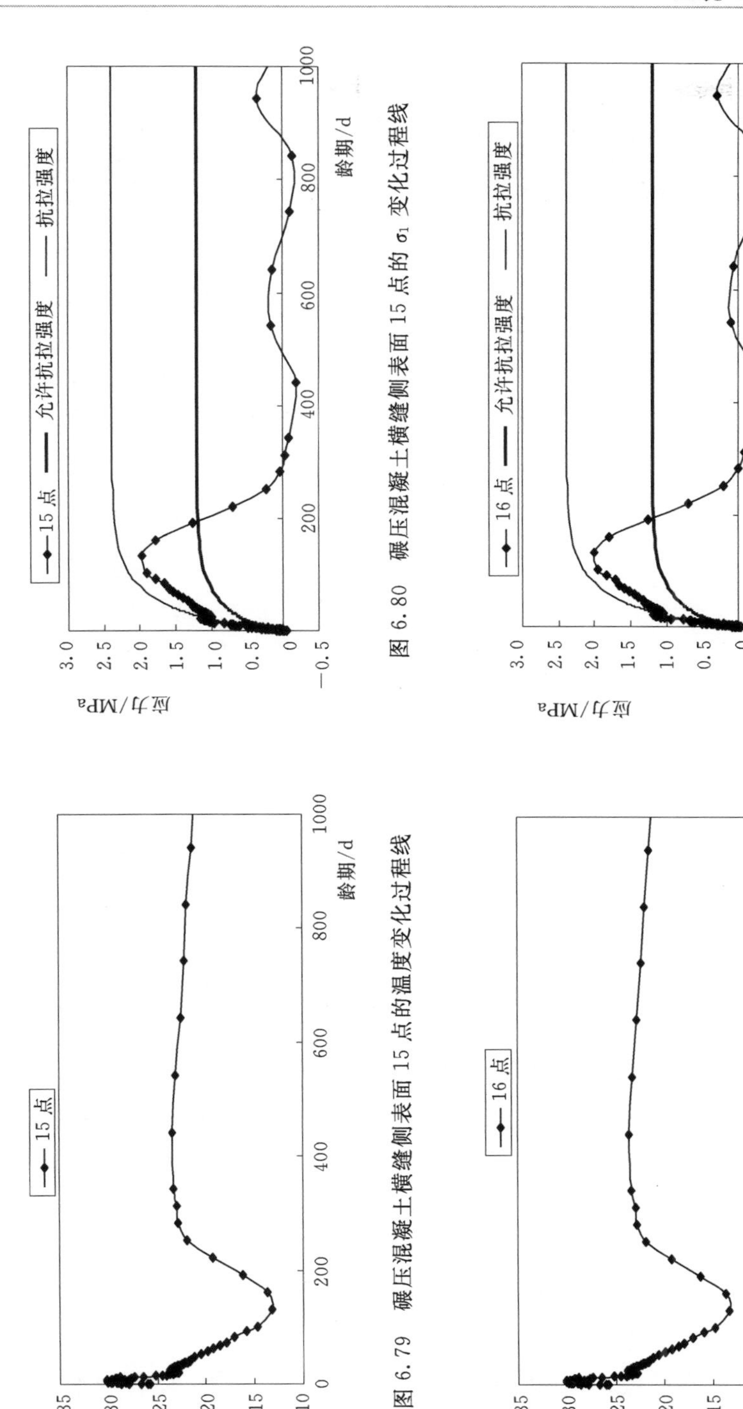

图 6.79　碾压混凝土横缝侧表面 15 点的温度变化过程线

图 6.80　碾压混凝土横缝侧表面 15 点的 σ_1 变化过程线

图 6.81　碾压混凝土横缝侧表面 16 点的温度变化过程线

图 6.82　碾压混凝土横缝侧表面 16 点的 σ_1 变化过程线

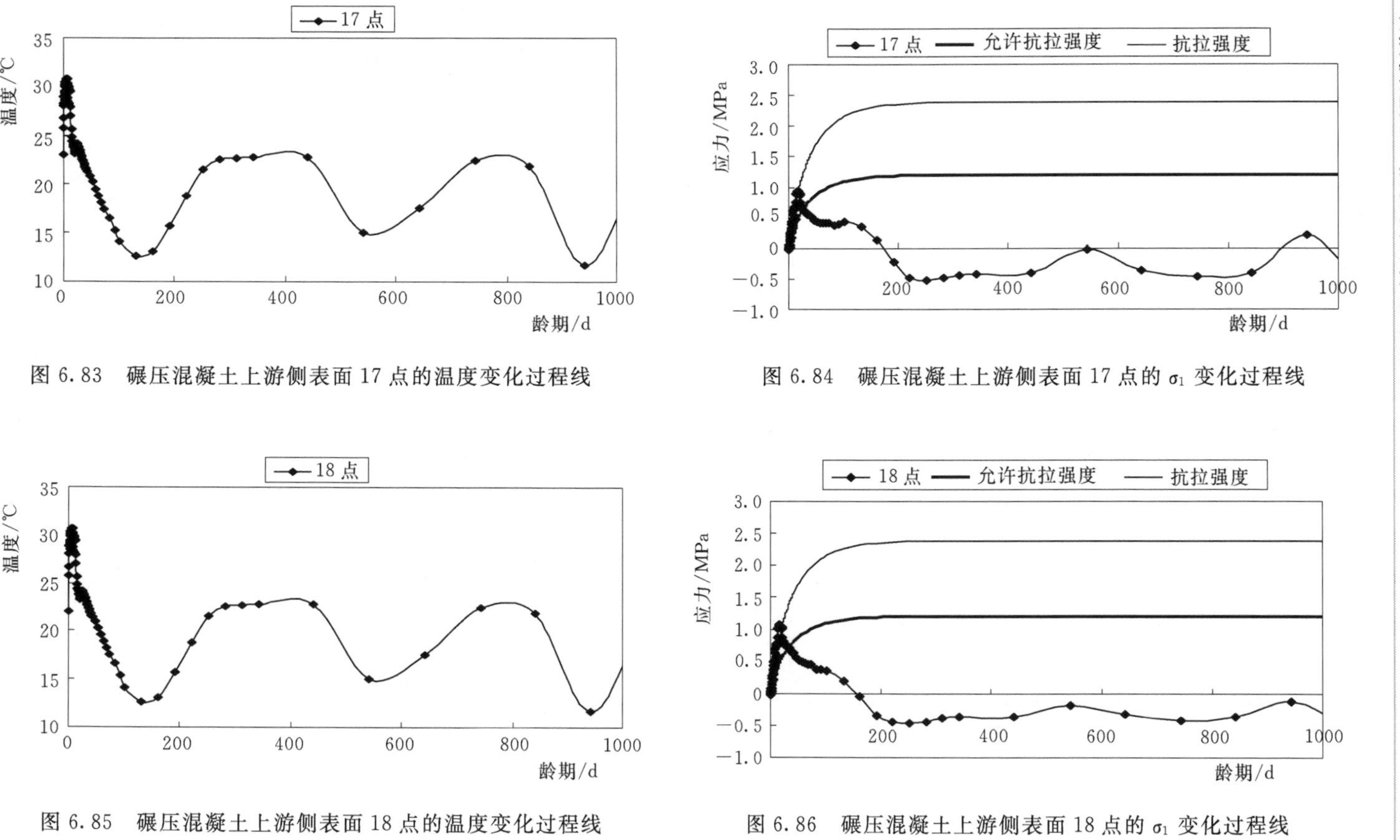

图 6.83　碾压混凝土上游侧表面 17 点的温度变化过程线

图 6.84　碾压混凝土上游侧表面 17 点的 σ_1 变化过程线

图 6.85　碾压混凝土上游侧表面 18 点的温度变化过程线

图 6.86　碾压混凝土上游侧表面 18 点的 σ_1 变化过程线

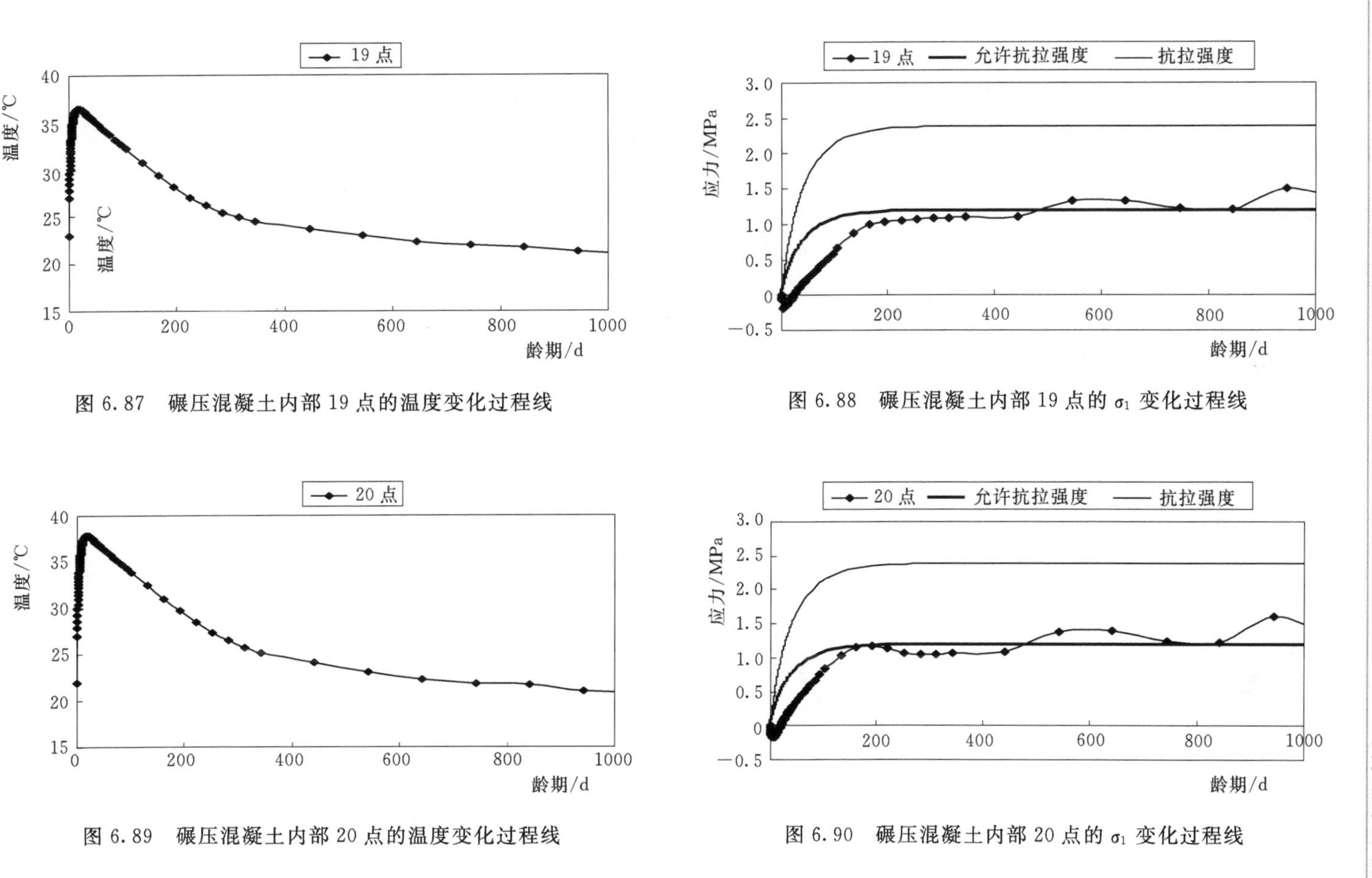

图 6.87 碾压混凝土内部 19 点的温度变化过程线

图 6.88 碾压混凝土内部 19 点的 σ_1 变化过程线

图 6.89 碾压混凝土内部 20 点的温度变化过程线

图 6.90 碾压混凝土内部 20 点的 σ_1 变化过程线

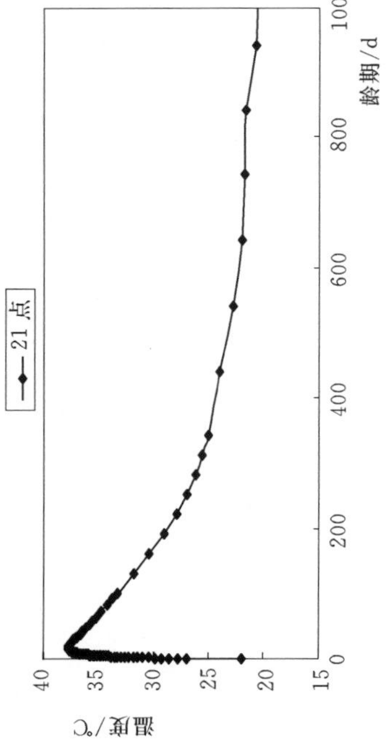

图 6.91　碾压混凝土内部 21 点的温度变化过程线

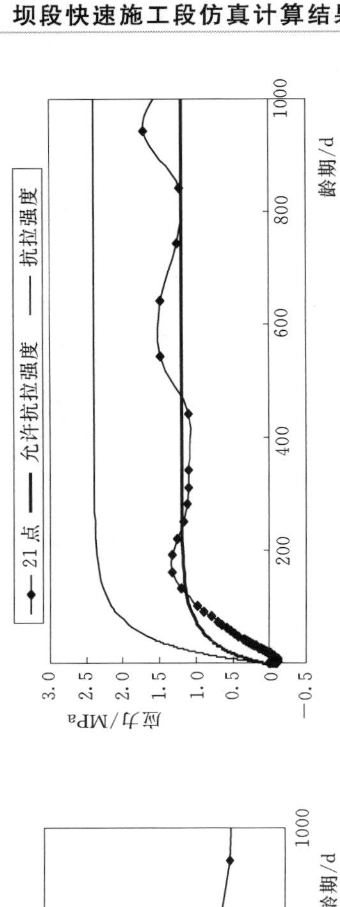

图 6.92　碾压混凝土内部 21 点的 σ_1 变化过程线

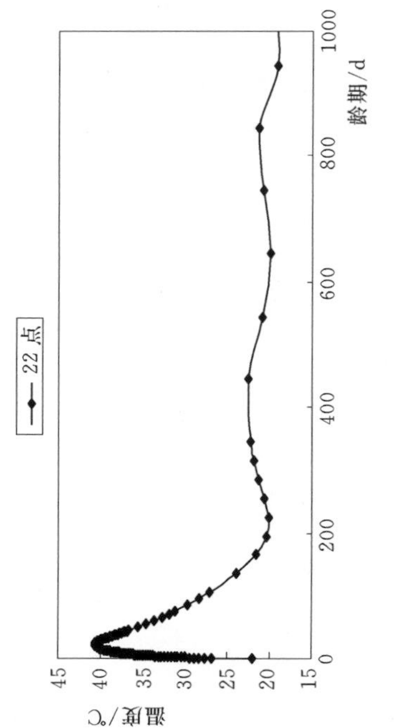

图 6.93　碾压混凝土内部 22 点的温度变化过程线

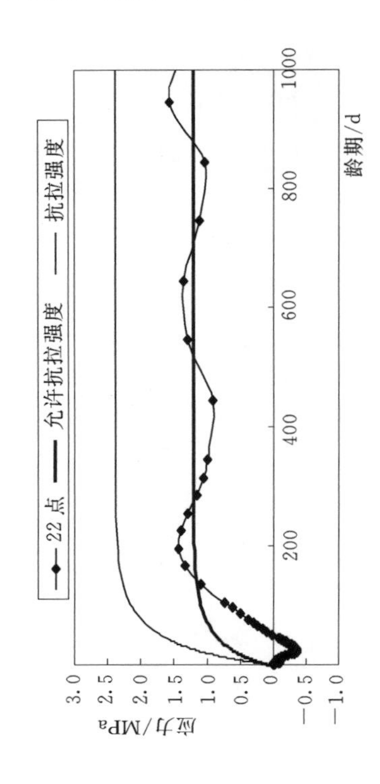

图 6.94　碾压混凝土内部 22 点的 σ_1 变化过程线

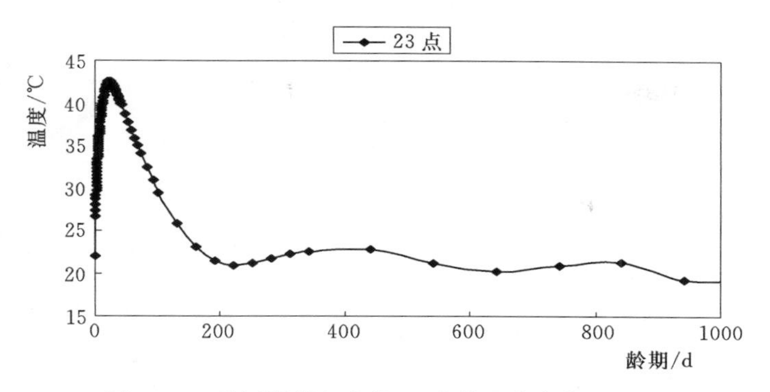

图 6.95　碾压混凝土内部 23 点的温度变化过程线

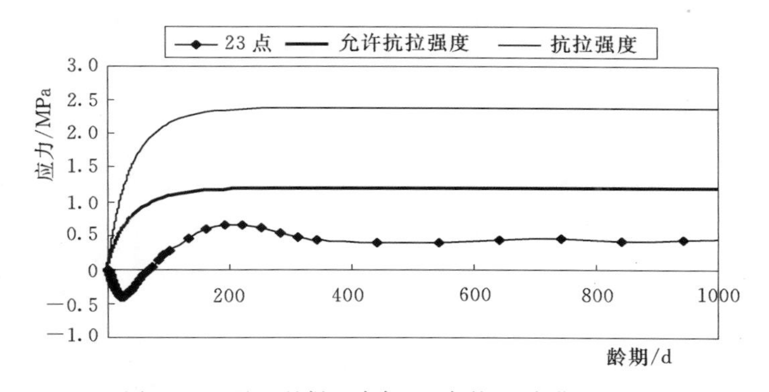

图 6.96　碾压混凝土内部 23 点的 σ_1 变化过程线

对于快速施工段，各分区接触部位主要对高程 1293.50m 的 RⅢ区与 CbⅤ区的接触 19 点进行分析。从图 6.87 可以看出，最高温度在 15d 左右出现，为 36.50℃，此后 3 个月内温度变幅不大，温降仅约 3.0℃。由于该点距离外界环境较远，因此降温过程更为缓慢。与温度变化相对应，19 点的应力在浇筑后 6 个月左右并未达到最大值，即在龄期 200d 时，应力为 1.03MPa，满足防裂要求，到了浇筑后的一年半左右（若还未蓄水），才出现了超过允许抗拉强度的拉应力 1.32MPa，且在 3 年左右应力进一步增加，为 1.50MPa（见图 6.78）。高程 1296.60m 和高程 1298.00m 的不同材料混凝土接触点 20、21 与 19 点的变化过程类似，有些在浇筑后 6 个月即出现超过允许值的拉应力，此处不再赘述，如图 6.79～图 6.82 所示。

2. 混凝土上游侧表面温度和应力变化情况

各上游侧表面点的温度变化除受混凝土浇筑温度、水化放热和结构的温度梯度影响外，最重要的是受外界气温变化的影响，每个点的温度在早期均因昼夜温差的影响而波动。最高温度均为 30.0～33.0℃，高程 1291.00m 的 3 点、高程 1292.60m 的 10 点、高程 1293.50m 的 11 点、高程 1295.60m 的 17 点和高程 1298.00m 的 18 点的温度变化情况分别如图 6.55、图 6.69、图 6.71、图 6.83 和图 6.85 所示。

横缝侧各点的温度变化情况在 23 号坝段浇筑前均与上游侧表面的温度变化情况相似，此处不再赘述。

尽管上游侧表面各点的温度变化相似，但是其应力大小则存在较大差异，从 3 点、10 点、11 点、17 点和 18 点各应力变化曲线可以看出，表面点浇筑初期应力的大小与该点所在浇筑块的大小有关，浇筑块越大，内外温差越大，表面拉应力就越大，而在浇筑后的第一个冬季（施工期）表面应力的大小取决于基础约束力度，即约束越强，冬季降温产生的拉应力就越大。尤其是 17 点和 18 点在早期均产生了足以致裂的拉应力，而 3 点在浇筑后第一个冬季出现了超过抗拉强度的拉应力 2.46MPa。各表面点应力变化情况分别如图 6.56、图 6.70、图 6.72、图 6.84 和图 6.86 所示。

从整体上看，混凝土采用快速施工方法，内部最高温度要比正常施工时高一些，如图 6.51 所示，龄期 35d 时 M_1 截面中心最高温度为 40.0℃以上，38.0℃以上的高温区占整个截面近 50%的区域，内部温度梯度较小，表面温度梯度较大。由此在表面形成拉应力 1.0MPa，而内部形成压应力－0.2～0.0MPa（见图 6.52）。这是由于自生体积变形的作用，抵消内部温升产生的部分膨胀变形。其余截面在 35d 龄期最高温度均在中心靠基岩区域，且表面温度梯度较大，产生一定的拉应力，此处不再赘述，如图 6.53～图 6.60 所示。到龄期 210d 混凝土内的温度发展和分布与应力发展和分布如图 6.61～图 6.70 所示。

6.5 工况 2 与工况 2－1、工况 2－2 计算结果对比分析

工况 2－1 和工况 2－2 是在工况 2 的基础上，对快速施工混凝土间歇时间作了敏感性分析，因此主要分析对间歇时间反应较大的仓面点 7（高程 1295.00m）的温度和应力变化情况。

图 6.97 为工况 2 与工况 2－1、工况 2－2 内部点 6 的温度变化对比曲线，图 6.98 为工况 2 与工况 2－1、工况 2－2 内部点 6 的 σ_1 变化对比曲线，图 6.99 为工况 2 与工况 2.1、工况 2－2 仓面点 7 的温度变化对比曲线，图 6.100 为工况 2 与工况 2－1、工况 2－2 仓面点 7 的 σ_1 变化对比曲线。

间歇时间越长，混凝土内部温度越低，但是由于浇筑时间在 9 月，外界平均温度较高，最高温度相差较小，如 6 点在间歇 3d（工况 2）、7d（工况 2－1）和 10d（工况 2－2）的最高温度分别为 38.92℃、38.04℃和 37.31℃（见图 6.97），

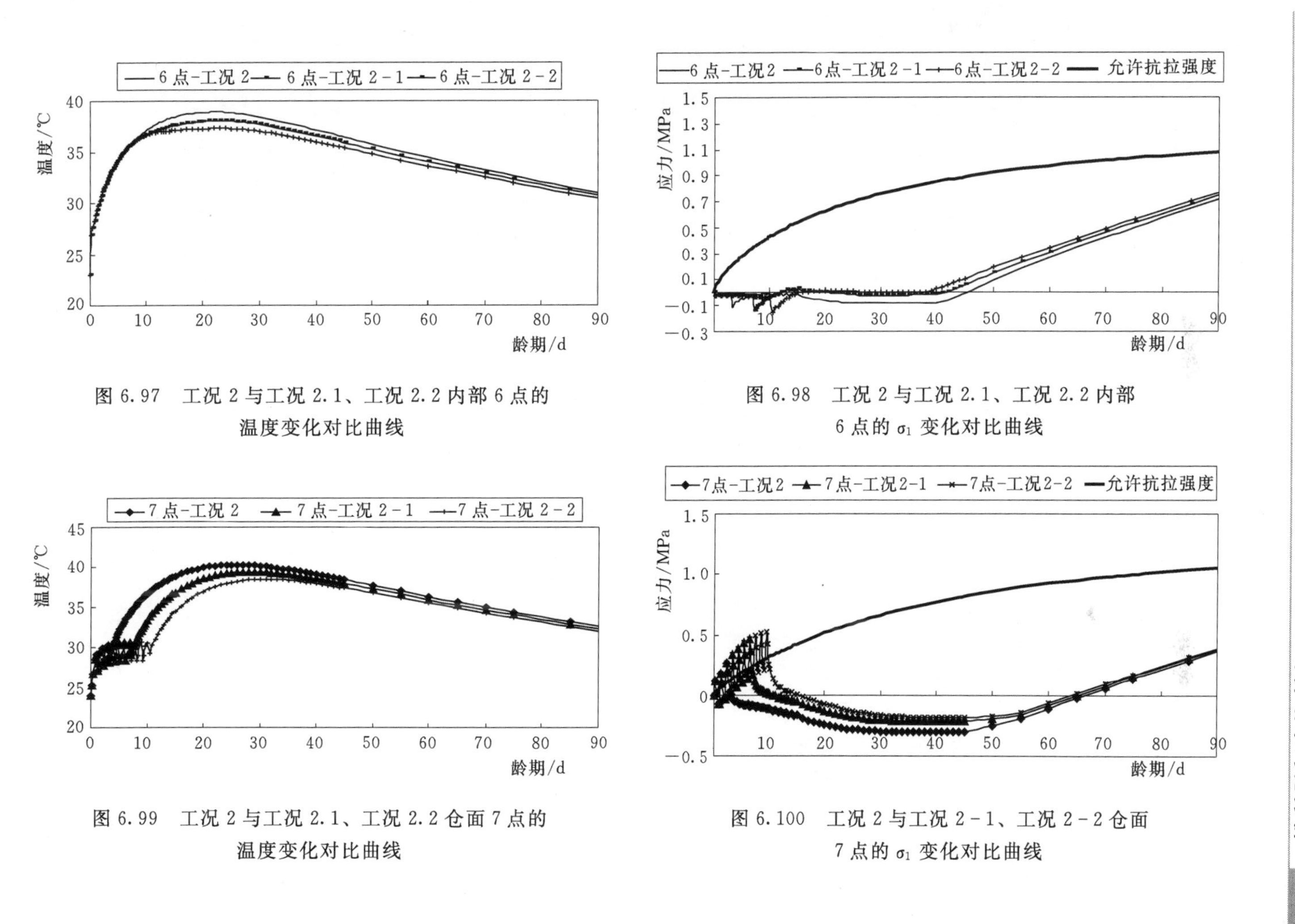

图 6.97　工况 2 与工况 2.1、工况 2.2 内部 6 点的温度变化对比曲线

图 6.98　工况 2 与工况 2.1、工况 2.2 内部 6 点的 σ_1 变化对比曲线

图 6.99　工况 2 与工况 2.1、工况 2.2 仓面 7 点的温度变化对比曲线

图 6.100　工况 2 与工况 2－1、工况 2－2 仓面 7 点的 σ_1 变化对比曲线

而后期温度基本保持一致。增加间歇时间对 6 点应力的影响很小，如图 6.98 所示。

间歇时间对仓面混凝土影响则较大，如图 6.99 所示，首先间歇时间越长，7 点受外界气温变化的影响越大，由于在间歇期混凝土内部温度升高幅度要大于表面，因此内外温差会逐渐增大，使得间歇期仓面的拉应力较大，由图 6.100 可知，间歇 10d，在间歇期间表面最大拉应力可达 0.51MPa，而间歇 7d，最大拉应力为 0.46MPa，间歇 3d 则为 0.27MPa，总之在内部升温阶段，间歇时间越长，表面内外温差越大，产生的拉应力越大。虽然增加间歇时间能够减小上层混凝土浇筑后该部位的二次温升值，如 7 点的二次温升值分别为 40.31℃（间歇 3d）、39.39℃（间歇 7d）和 38.48℃（间歇 10d）（见图 6.99），但对后期的拉应力则影响不大。

6.6　工况 3 与工况 2 计算结果对比分析

工况 3 为考虑采用施工组织设计要求的浇筑温度时，混凝土内温度和应力的变化情况。本节主要对各层混凝土典型内部点和相应的表面点进行分析，对降低和改善混凝土温度和应力状态进行研究。

图 6.101～图 6.112 为工况 3 与工况 2 内部点 1、表面点 3、内部点 6、表面点 11、内部点 13 和表面点 18 的温度和 σ_1 变化对比曲线。

1. 浇筑温度对混凝土内部温度和应力的影响

浇筑温度对混凝土内部最高温升值的影响是很明显的，如 1 点在采用浇筑温度 16.0℃时（工况 3）的最高温度为 31.64℃，明显比自然入仓（工况 2）时低许多（见图 6.101）。另外，由图 6.101 可以看出，1 点在自然入仓（工况 2）情况下，温度升幅为 11.33℃（最高温度与浇筑温度之差），而在浇筑温度为 16.0℃时，温度升幅为 15.64℃，这是由于采用低浇筑温度情况下，浇筑初期的混凝土温度低于外界环境温度，混凝土处于吸热状态，因此混凝土的温度爬升较快，而且混凝土散热速率与内外温差有关，内外温差越大，散热速率越快，低浇筑温度情况下，早期内外温差较小，散热量就较少，这也说明最高温度的减幅一般会小于浇筑温度的减幅。也正因为如此，采用低浇筑温度时温升阶段产生的压应力也较大，由图 6.102 可知，1 点（工况 3）的最大压应力 －0.41MPa 比工况 2 的 －0.25MPa 大了 0.16MPa，且经过拉压转化后，1 点在低浇筑温度时（工况 3）的拉应力在整个施工期比自然入仓时（工况 2）低 0.15～0.4MPa。

工况 3 计算时，碾压混凝土的浇筑温度高于常态混凝土，为 18.0℃，6 点出现的最大温升值为 32.87℃，比工况 2 的 38.92℃降低了 6.05℃（见图 6.105）。

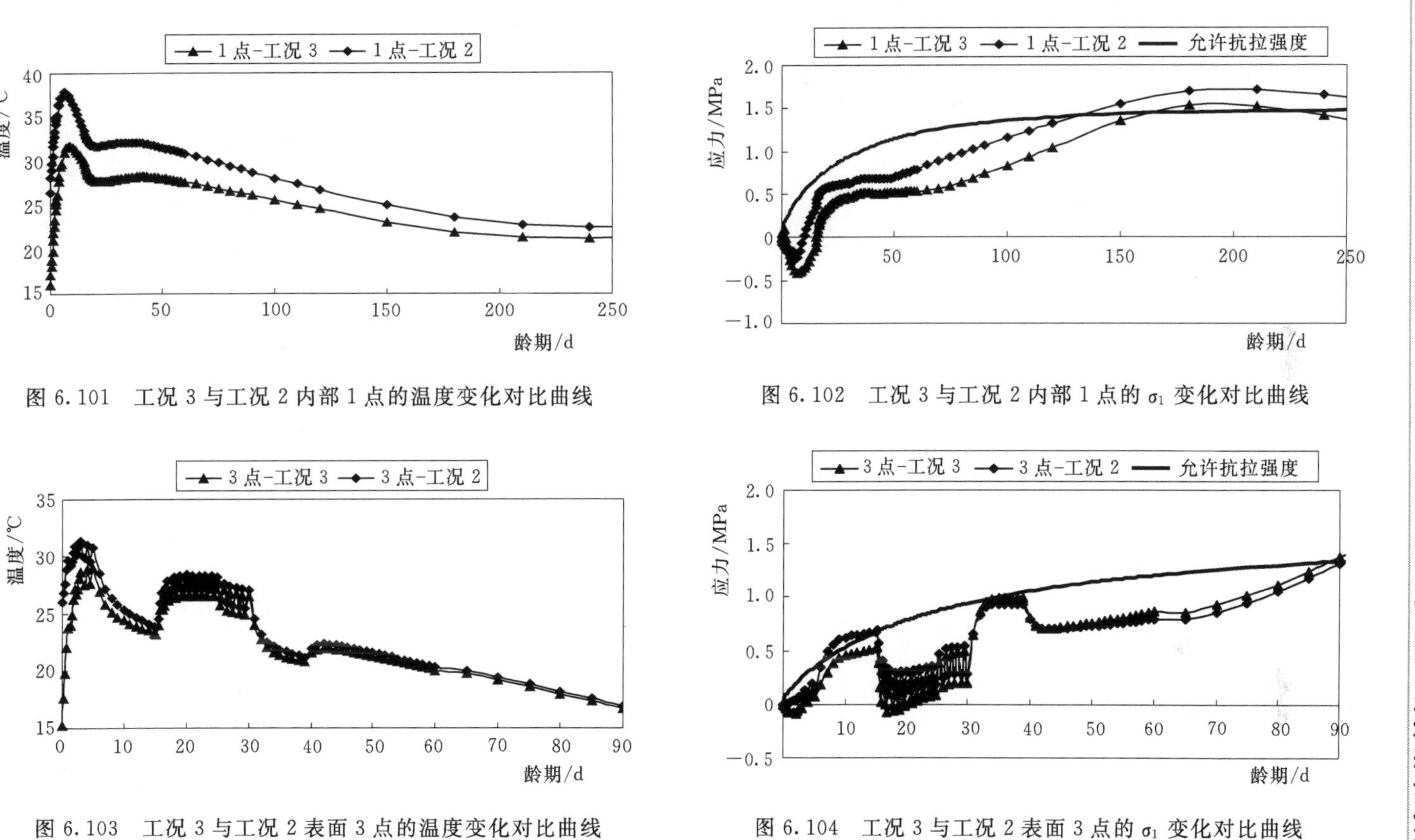

图6.101 工况3与工况2内部1点的温度变化对比曲线

图6.102 工况3与工况2内部1点的 σ_1 变化对比曲线

图6.103 工况3与工况2表面3点的温度变化对比曲线

图6.104 工况3与工况2表面3点的 σ_1 变化对比曲线

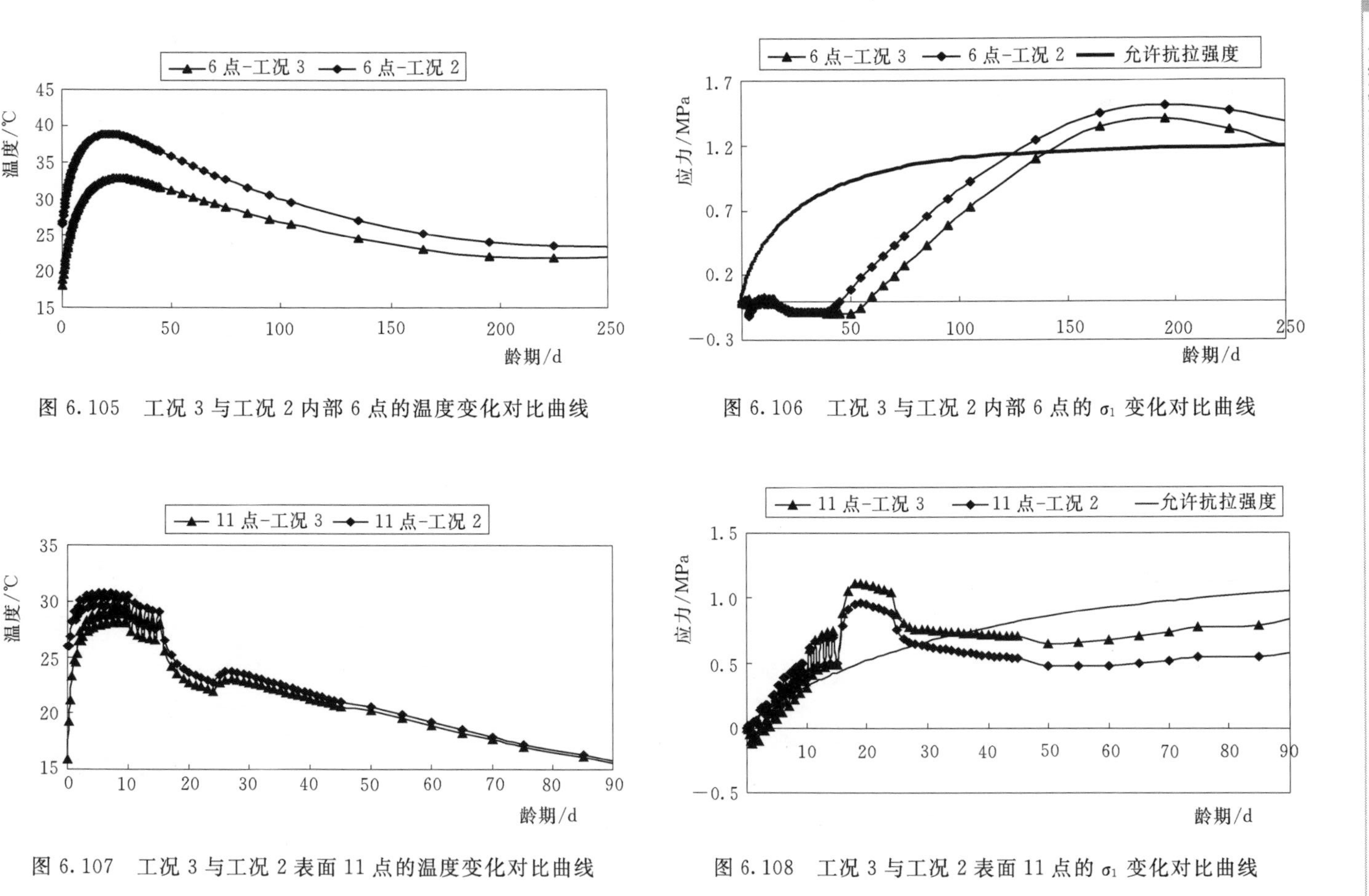

图 6.105 工况 3 与工况 2 内部 6 点的温度变化对比曲线

图 6.106 工况 3 与工况 2 内部 6 点的 σ_1 变化对比曲线

图 6.107 工况 3 与工况 2 表面 11 点的温度变化对比曲线

图 6.108 工况 3 与工况 2 表面 11 点的 σ_1 变化对比曲线

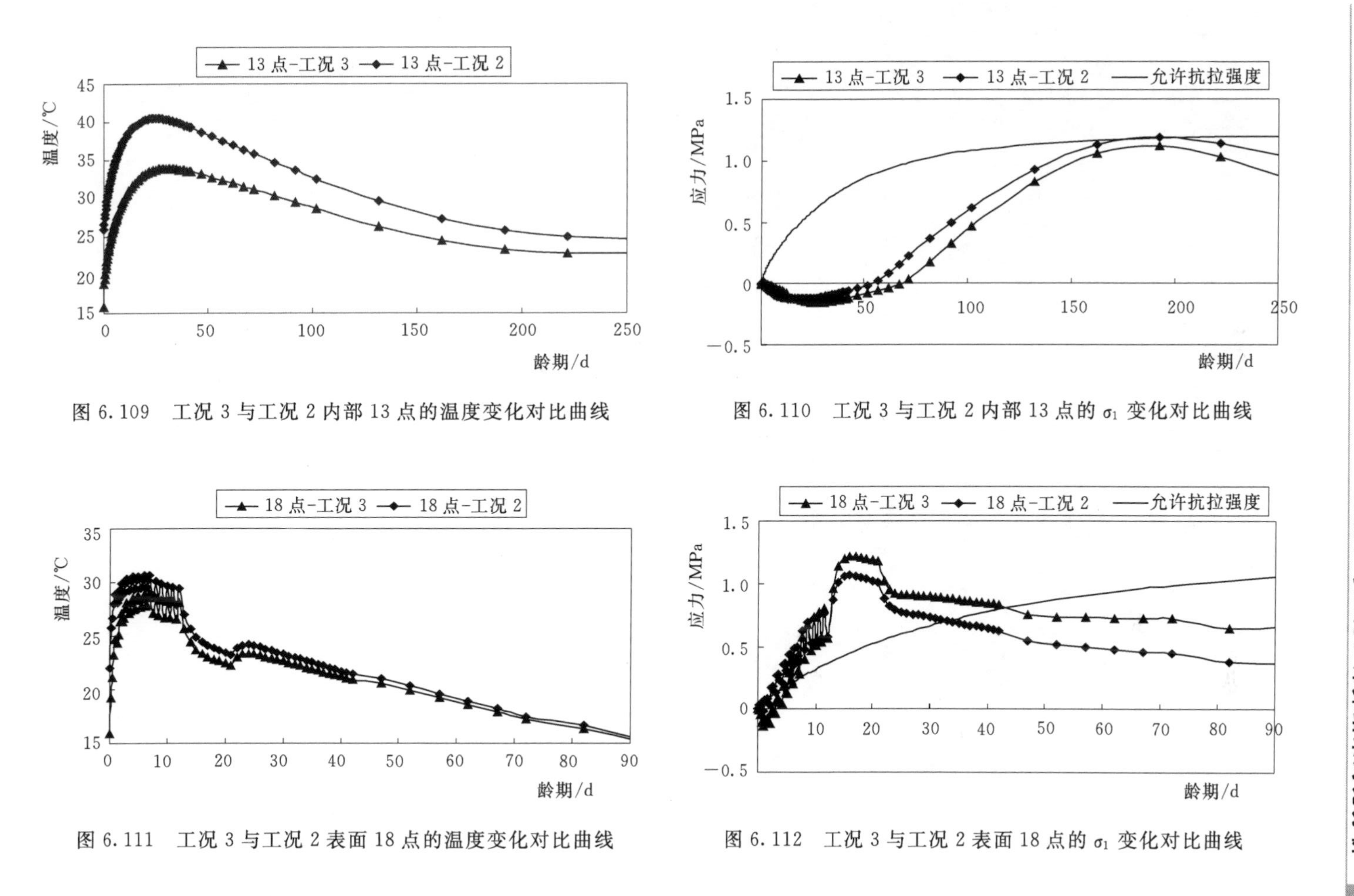

图 6.109 工况 3 与工况 2 内部 13 点的温度变化对比曲线

图 6.110 工况 3 与工况 2 内部 13 点的 σ_1 变化对比曲线

图 6.111 工况 3 与工况 2 表面 18 点的温度变化对比曲线

图 6.112 工况 3 与工况 2 表面 18 点的 σ_1 变化对比曲线

6点在低浇筑温度和自然入仓温度的情况下，温度最大升幅分别为14.87℃和12.42℃（见图6.105），升幅相差较小。由于早期弹性模量较小，因此早期两种情况下的应力情况相差不大（见图6.106）。经过拉压转化后，6点在低浇筑温度时（工况3，浇筑温度为18.0℃）的拉应力在整个施工期比自然入仓时（工况2）低0.15～0.35MPa（见图6.106）。采用低浇筑温度后，混凝土其余内部点温度和应力的改变情况基本相似，此处不再赘述。

2. 浇筑温度对表面温度和应力的影响

浇筑温度对混凝土表层的影响主要在温升阶段及初期降温阶段，且这种差距随龄期会很快缩小，如3点（见图6.103）、11点（见图6.107）和18点（见图6.111）。由于浇筑温度较低时，内外温差更小，因此浇筑初期表面的拉应力也有所减小，如图6.104所示，3点（工况3）早期拉应力均小于允许抗拉强度，效果较为明显。而后期拉应力也得到改善，最大拉应力减小约0.3MPa（见图6.104）。

在降低浇筑温度以后，碾压混凝土各浇筑层表面各点的早期应力状态均得到改善，如11点（见图6.108）、18点（见图6.112），从而减轻了混凝土的抗裂压力。

从整体上看，降低浇筑温度获得了较好的温控效果，与工况2相比，中心最高温度仅33.0℃，32℃以上区域占50%左右，但表层混凝土的温度梯度依然较大（见附图6.101），因此在龄期35d，表面依然产生了1.0MPa左右的拉应力（附图6.102）。另外，在龄期210d，混凝土中心拉应力为1.0～2.0MPa（见附图6.112），比工况2小。

6.7 工况4与工况3计算结果对比分析

混凝土表面的保温措施主要有3个作用：①在浇筑早期，混凝土温度低于环境温度时减少热量倒灌；②减小内外温差，从而减小了早期表面拉应力；③能够有效减小昼夜温差、寒潮、大风等天气的影响。工况4是在工况3的基础上，对混凝土裸露表面进行保温，本节主要分析保温后对表层混凝土温度和应力的影响。

图6.113～图6.118为工况3与工况4表面3点、11点和18点的温度和σ_1变化对比曲线。

通过对不同高程表面点在保温与不保温情况下的比较可知，在保温期间，表面点的温度振幅明显小于未保温的情况，即受昼夜温差的影响减小，如图6.115所示，11点未保温时，温度振幅约2.0℃，而保温时，仅0.5℃。浇筑初期，由于混凝土温度低于环境温度，保温起到隔热的作用，减少了热量倒灌，3

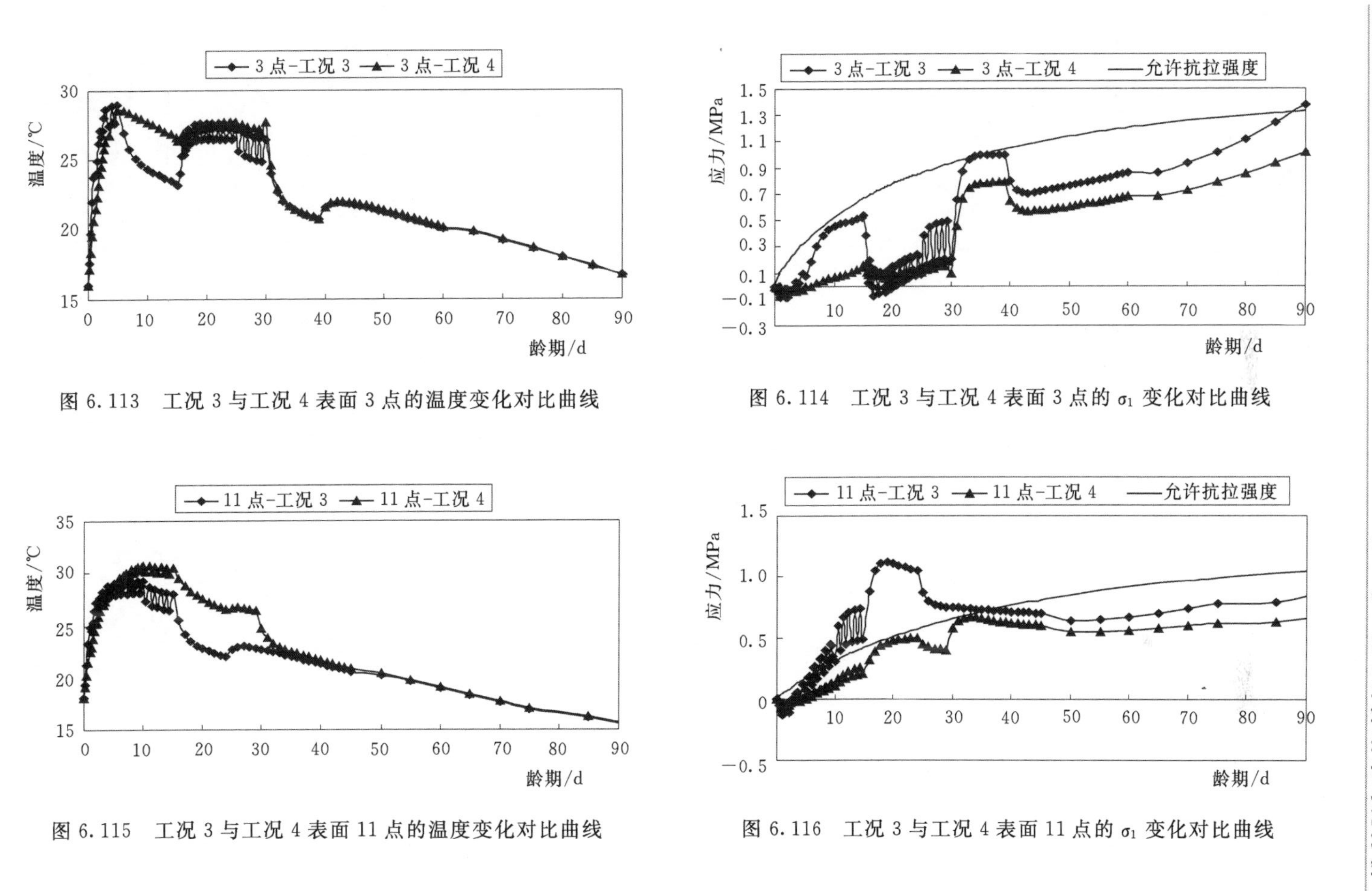

图 6.113 工况 3 与工况 4 表面 3 点的温度变化对比曲线

图 6.114 工况 3 与工况 4 表面 3 点的 σ_1 变化对比曲线

图 6.115 工况 3 与工况 4 表面 11 点的温度变化对比曲线

图 6.116 工况 3 与工况 4 表面 11 点的 σ_1 变化对比曲线

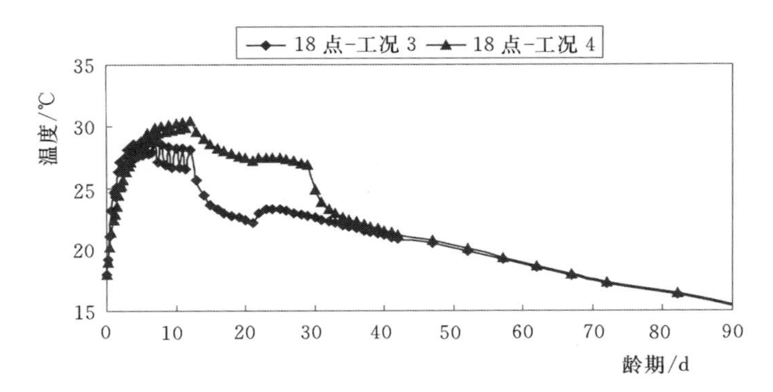

图 6.117 工况 3 与工况 4 表面 18 点的温度变化对比曲线

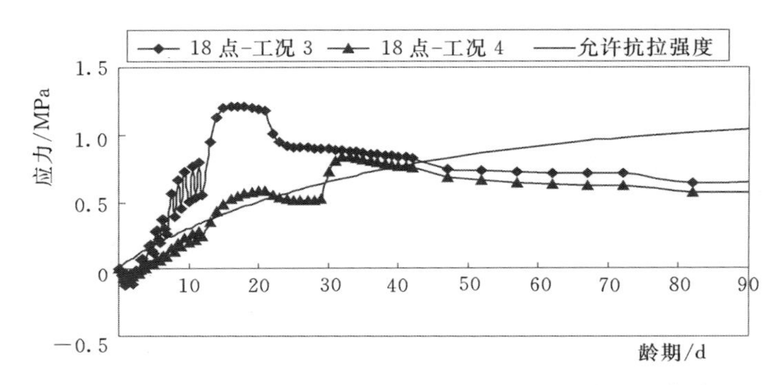

图 6.118 工况 3 与工况 4 表面 18 点的 σ_1 变化对比曲线

点在浇筑后前 5d，保温后的温度增幅明显比未保温时要小。但是由于混凝土水化热作用，保温情况下的温度峰值一般会比不保温时要高，且降温速度要比不保温时要缓，这在一定程度上减小了表面与内部混凝土的温度差距，即减小了内外温差，如 3 点、11 点和 18 点均有这样的效果。与温度的变化相对应，保温后混凝土表面的应力得到了改善，如 11 点，未保温时，在龄期 7～27d 的拉应力均接近甚至超过允许抗拉强度（见图 6.116），即在这段龄期，若有外界不利因素（如寒潮、大风天气等）的诱导，很可能导致表面开裂。而保温后，该点应力在 3 个月龄期内均能满足抗裂安全度 2.0 的要求（见图 6.116）。而 18 点的应力虽有明显改善，但是仍然在部分时刻超出允许值，需要加强保温力度和增加保温时长。

通过对 3 点（高程 1291.00m，常态混凝土垫层）、11 点（高程 1293.5m，碾压混凝土 3m 升程）、18 点（高程 1298.00m，碾压混凝土 6m 升程）这 3 个上游侧表面点进行应力比较可知，混凝土浇筑层越厚，早期产生的表面拉应力越大（这也可由上述几节的分析得知），因此，需要的保温力度越强，保温持续时间越长。

从整体上看，保温以后（工况 4）表面的温度梯度明显减小（见图 6.113），因此产生的拉应力也较小，最大仅 0.4MPa（见图 6.114），而未保温时（工况 3）为 1.0MPa（见图 6.102）。

6.8 工况 5 与工况 3 计算结果对比分析

工况 5 主要针对在水管冷却措施下混凝土内温度和应力的变化情况。通过与工况 3 的比较，分析水管冷却温控措施的效果。图 6.119～图 6.146 为工况 5 与工况 3 各特征点的温度和 σ_1 变化对比曲线。

1. 水管冷却的削峰效果分析

从仿真计算结果看，水管的削峰效果是非常明显的。垫层常态混凝土内部 1 点升温期通水以后的最高温度为 24.89℃（工况 5），比不通水的 31.64℃（工况 3）削减了 6.75℃（见图 6.119）。同样，碾压混凝土 3m 升程内部 6 点不通水情况下最高温度为 32.87℃，通水冷却情况下，最高温度仅 21.64℃，水管冷却的削峰效果可见一斑。其余各混凝土的内部点在通水以后均达到了较好的削峰效果，此处不再赘述。同样，水管冷却对控制上层混凝土浇筑后仓面混凝土温度的反弹有很好的作用，如垫层常态混凝土仓面点 4（见图 6.123）和碾压混凝土 3m 升程仓面点 7（见图 6.129）上层混凝土浇筑后，在内部通水情况下，温度几乎没有反弹（工况 5），而工况 3（未通水）的仓面温度在上层混凝土浇筑后出现大幅回升现象。

通过水管冷却削峰后，混凝土内部点和仓面点（上层混凝土浇筑后转内部点）后期拉应力得到了较大的改善，施工期抗裂安全度基本控制在 2.0 以上。其中，28d 停水时混凝土的抗裂安全度最低，为 2.16。

2. 水管冷却的减差效果分析

水管冷却的另一个作用是减小混凝土早期的内外温差。如图 6.121 所示，通水以后，垫层常态混凝土表面 3 点的温度比不通水时低，降低约 2.0℃，削减力度不如内部点，但恰恰这样达到了减小内外温差的效果，内外温差的大小最主要的表现为表面应力的变化，内外温差越小，表面拉应力也就越小，对于大坝而言，内外温差除了浇筑初期由于混凝土水化放热和内外散热差异的原因引起外，在后期还由于外界气温降低导致内外温差增大，从而使得表面出现较大拉应力的情况，由图 6.122 可知，浇筑初期，在通水情况下，3 点的拉应力比不通水时减小，最大减幅约 0.5MPa。而碾压混凝土 3m 升程的表面 11 点和碾压混凝土 6m 升程的表面 18 点的应力也有较大减幅，最大减幅达 0.6MPa（见图 6.132 和图 6.138）。这对于早期混凝土抗拉强度还不大情况下，效果还是比较明显的。在内部通水冷却情况下，混凝土表面在施工期的拉应力均能够达到抗

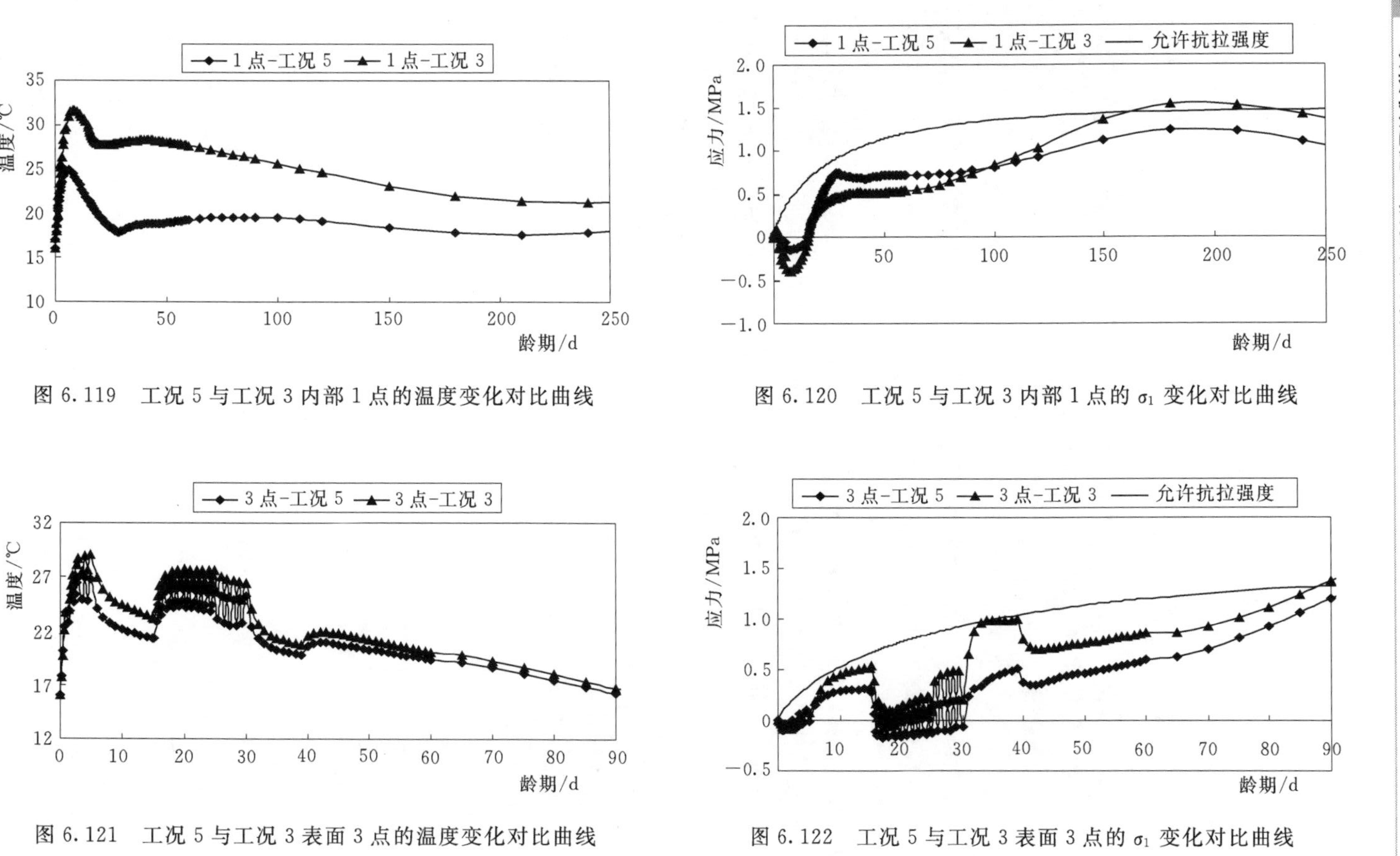

图 6.119　工况 5 与工况 3 内部 1 点的温度变化对比曲线

图 6.120　工况 5 与工况 3 内部 1 点的 σ_1 变化对比曲线

图 6.121　工况 5 与工况 3 表面 3 点的温度变化对比曲线

图 6.122　工况 5 与工况 3 表面 3 点的 σ_1 变化对比曲线

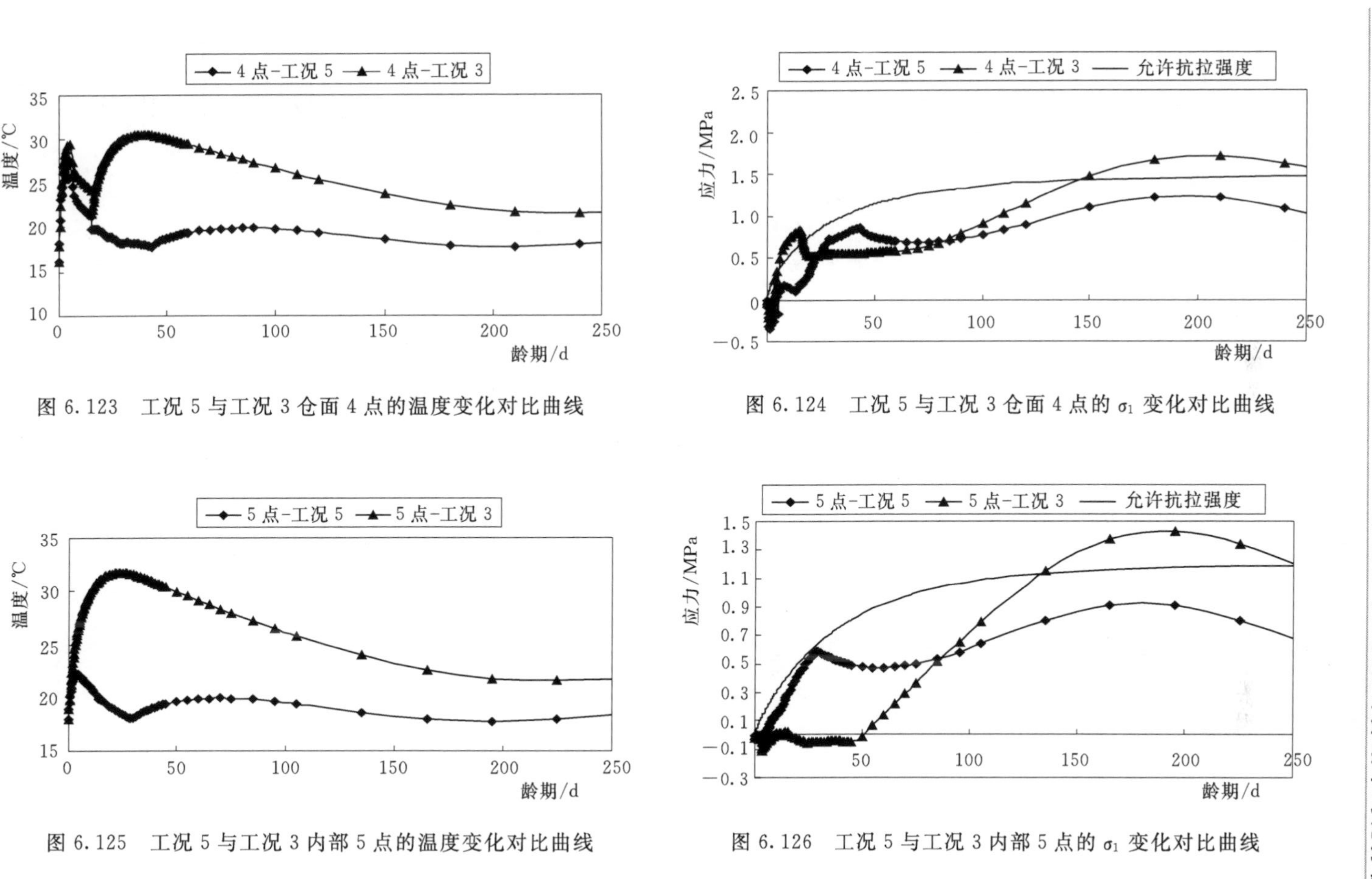

图 6.123 工况 5 与工况 3 仓面 4 点的温度变化对比曲线

图 6.124 工况 5 与工况 3 仓面 4 点的 σ_1 变化对比曲线

图 6.125 工况 5 与工况 3 内部 5 点的温度变化对比曲线

图 6.126 工况 5 与工况 3 内部 5 点的 σ_1 变化对比曲线

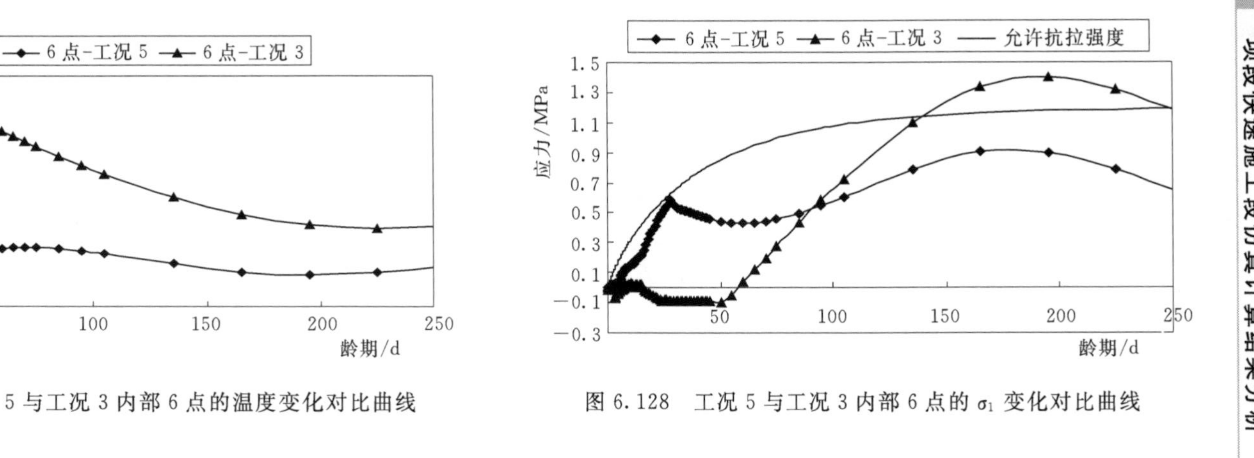

图 6.127 工况 5 与工况 3 内部 6 点的温度变化对比曲线

图 6.128 工况 5 与工况 3 内部 6 点的 σ_1 变化对比曲线

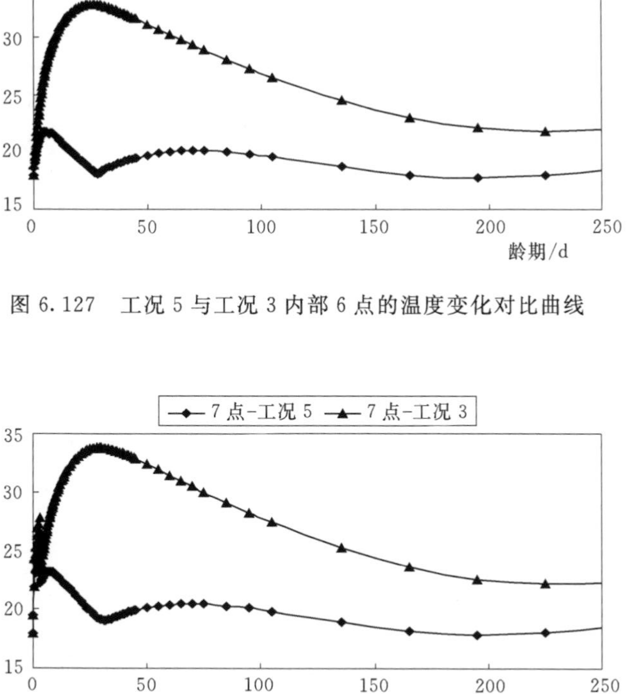

图 6.129 工况 5 与工况 3 仓面 7 点的温度变化对比曲线

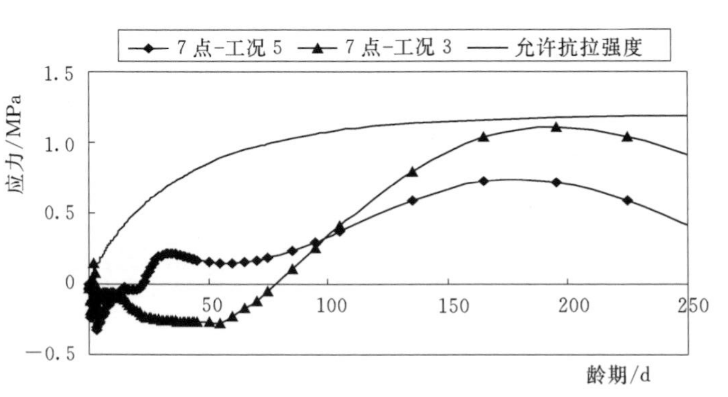

图 6.130 工况 5 与工况 3 仓面 7 点的 σ_1 变化对比曲线

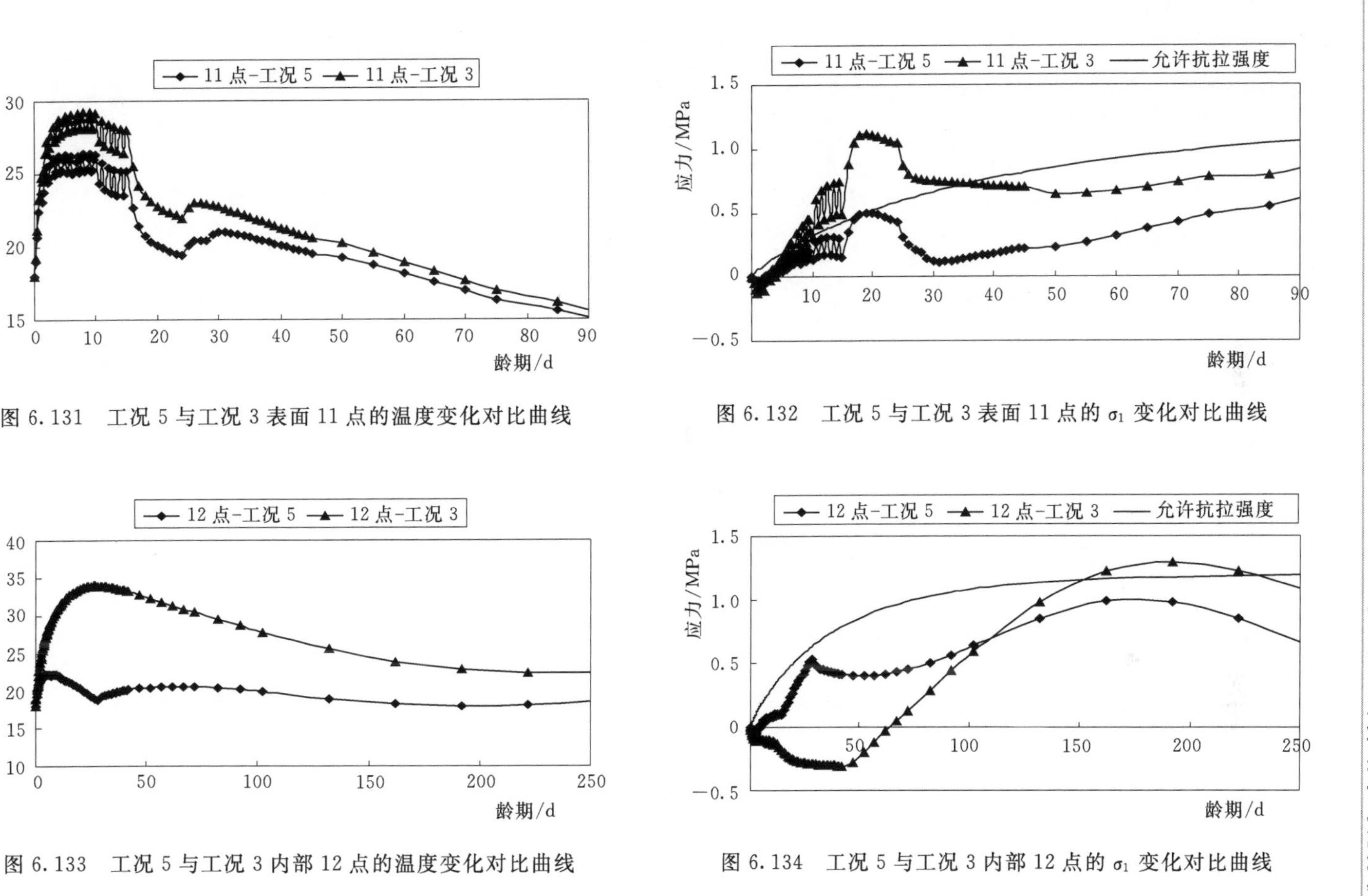

图 6.131 工况 5 与工况 3 表面 11 点的温度变化对比曲线

图 6.132 工况 5 与工况 3 表面 11 点的 σ_1 变化对比曲线

图 6.133 工况 5 与工况 3 内部 12 点的温度变化对比曲线

图 6.134 工况 5 与工况 3 内部 12 点的 σ_1 变化对比曲线

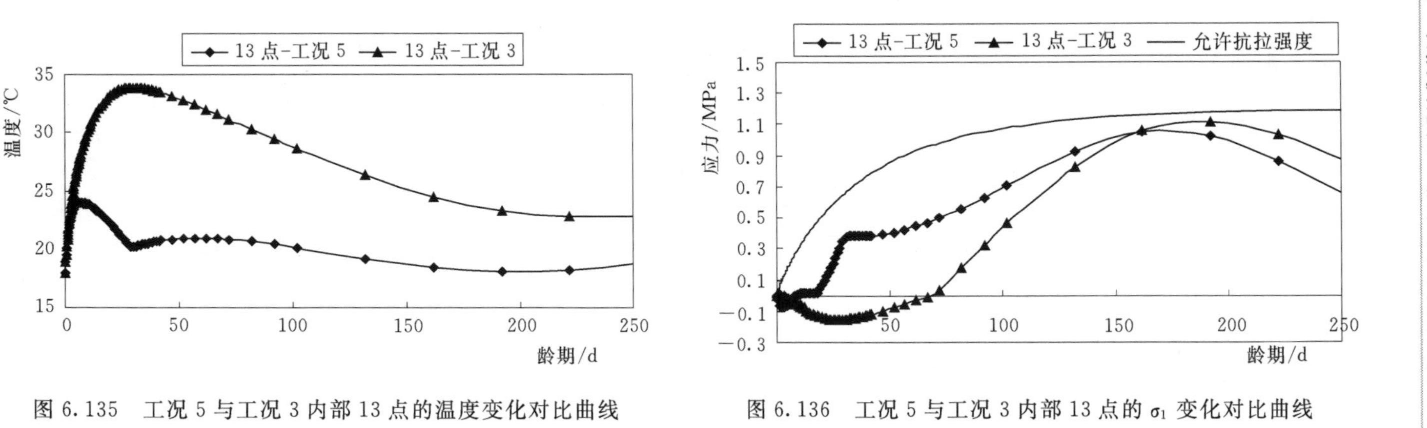

图 6.135　工况 5 与工况 3 内部 13 点的温度变化对比曲线

图 6.137　工况 5 与工况 3 表面 18 点的温度变化对比曲线

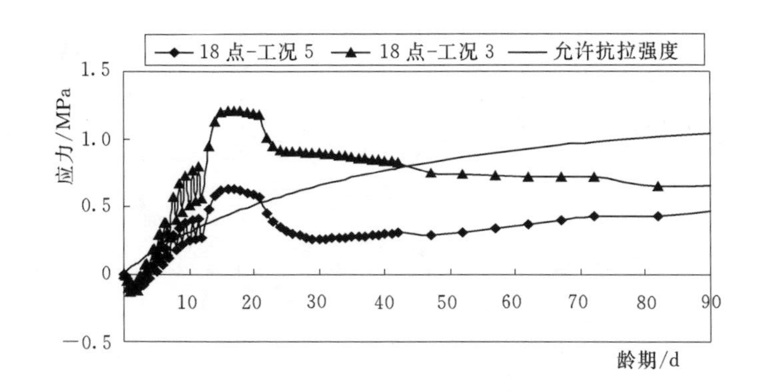

图 6.136　工况 5 与工况 3 内部 13 点的 σ_1 变化对比曲线

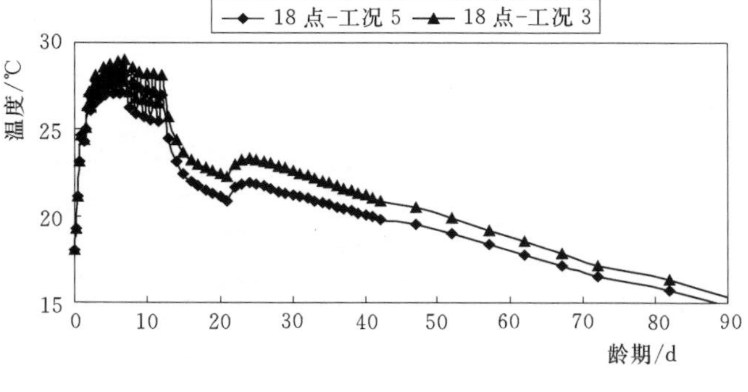

图 6.138　工况 5 与工况 3 表面 18 点的 σ_1 变化对比曲线

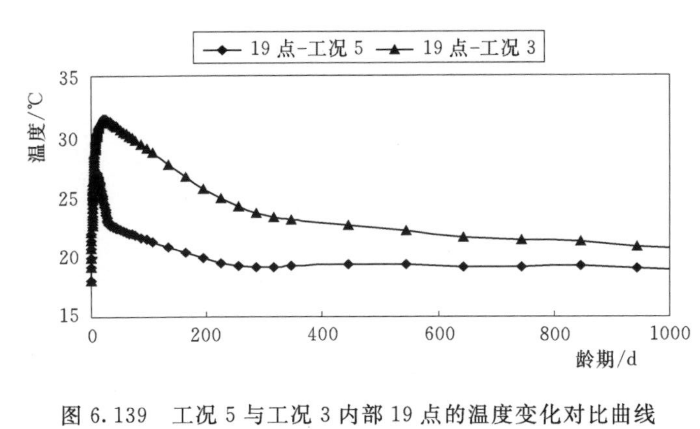

图 6.139 工况 5 与工况 3 内部 19 点的温度变化对比曲线

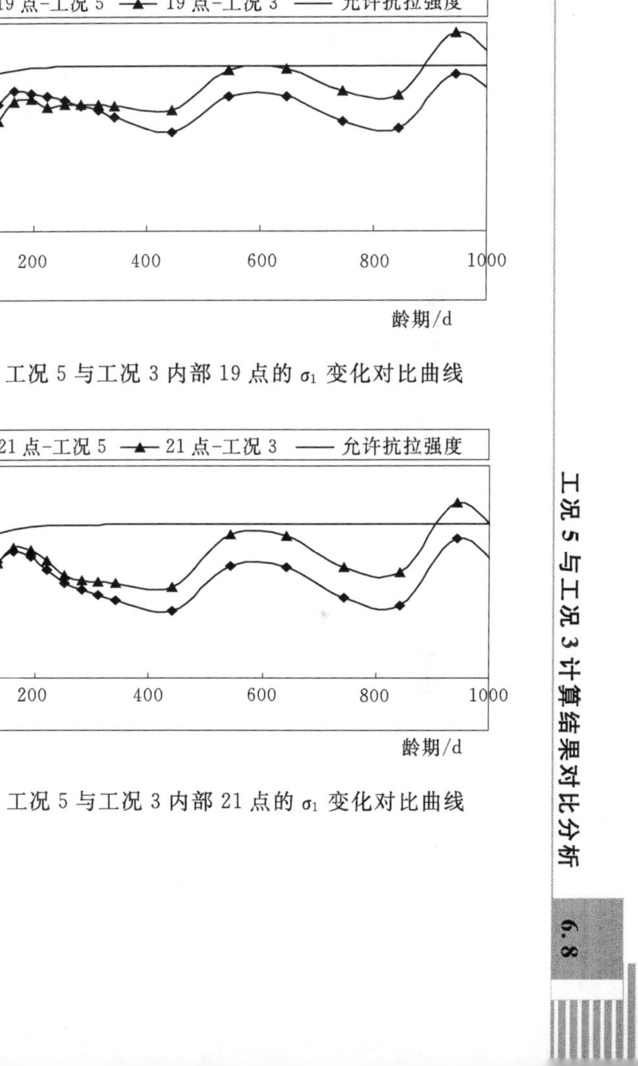

图 6.140 工况 5 与工况 3 内部 19 点的 σ_1 变化对比曲线

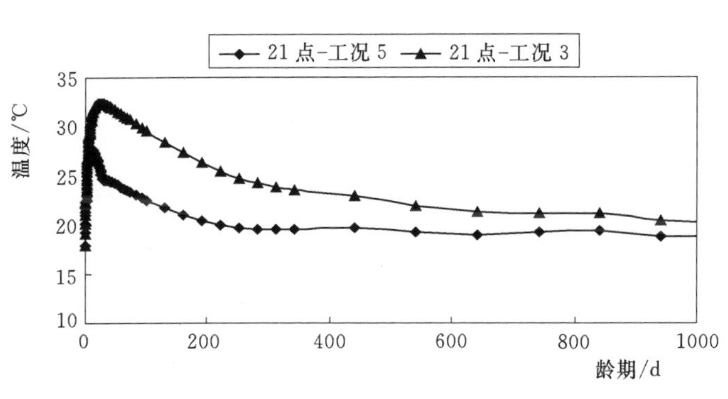

图 6.141 工况 5 与工况 3 内部 21 点的温度变化对比曲线

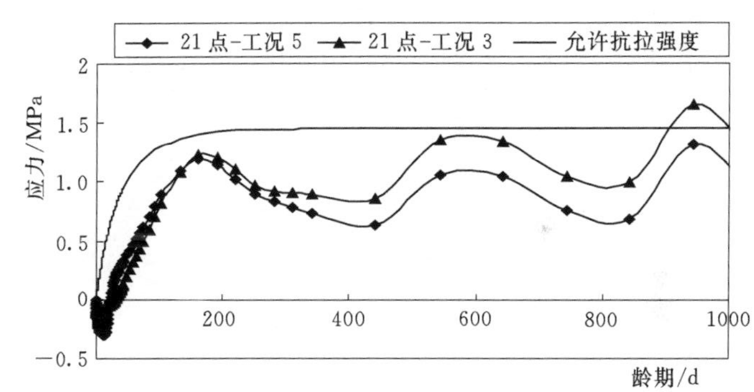

图 6.142 工况 5 与工况 3 内部 21 点的 σ_1 变化对比曲线

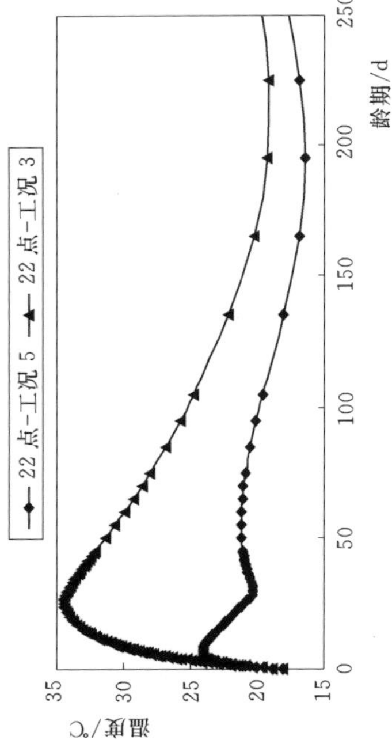

图 6.143　工况 5 与工况 3 内部 22 点的温度变化对比曲线

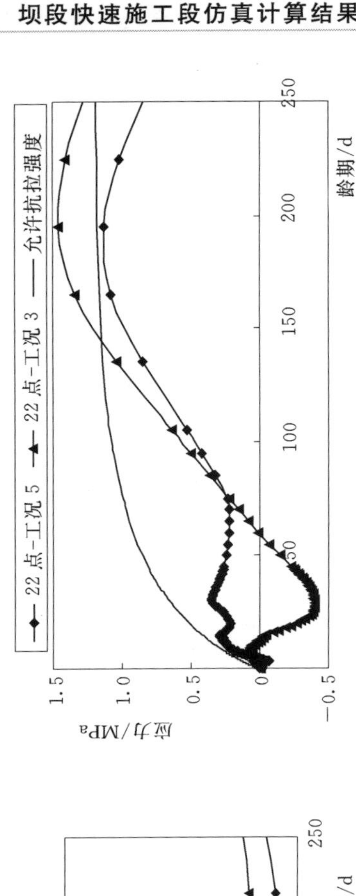

图 6.144　工况 5 与工况 3 内部 22 点的 σ_1 变化对比曲线

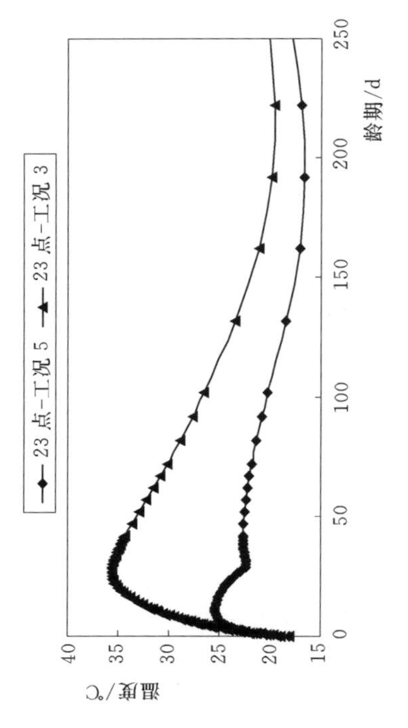

图 6.145　工况 5 与工况 3 内部 23 点的温度变化对比曲线

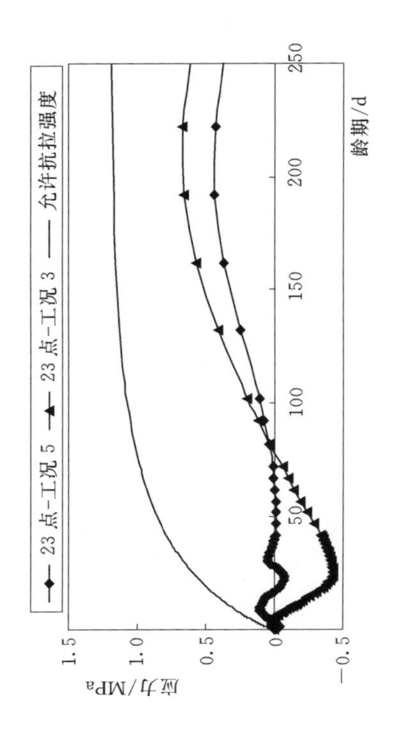

图 6.146　工况 5 与工况 3 内部 23 点的 σ_1 变化对比曲线

裂安全度 1.65，但部分点还不能达到 2.0 的要求，如浇筑后第 1 个月的 18 点和浇筑后第一个冬季的 3 点。

上层混凝土浇筑前，混凝土仓面受环境因素影响较大，如图 6.124 和图 6.130 所示，通水以后仓面点 4 和仓面点 7 在上层混凝土浇筑前的拉应力基本满足 2.0 的抗裂安全度要求，而未通水情况下，拉应力则出现超过允许值的时段。

但是，在 24 号坝段浇筑后，进入低温季节（最低时约 10.0℃），尽管表面温度在水管冷却作用下温度有所降低，但降幅仍然较大，而混凝土坝坝块较大，内部温度仍然较高（通水以后维持在 20.0℃左右），因此受基岩外部约束和混凝土内部约束作用，在基础强约束区，产生的拉应力仍然不能满足要求。如 3 点在浇筑后的第一个冬季表面产生了较大拉应力，最大达 2.40MPa，接近了混凝土的抗拉强度（常态混凝土）（见图 6.122），而距离建基面较远的 11 点和 18 点的拉应力均能满足 2.0 的抗裂安全度要求。

从整体上看，通水以后（工况 5），在龄期 22d，M_1 截面出现最高温度 25.0℃，靠近水管温度为 20.0～22.0℃，表面温度梯度减小（见图 6.119），表面产生的最大拉应力仅 0.2MPa（见图 6.120）。到龄期 210d，内部最大拉应力为 1.5MPa，大部分区域小于 1.0MPa（见图 6.121），应力也得到较大改善。从其余截面中也可以看出，各个截面在水管冷却以后，与不通水时（工况 3）相比，温度和应力的大小和分布均得到较好的改善。

6.9 工况 5 与工况 5-1、工况 5-2、工况 5-3 计算结果对比分析

工况 5 系列工况分别对通水持续时间、通水流量和通水水温等控制条件进行了敏感性分析，通过比较仿真计算结果，以便寻找一个最优的水管冷却方案。

图 6.147～图 6.152 为工况 5 分别与工况 5-1、工况 5-2、工况 5-3 垫层中心点 1 的温度和变化 σ_1 对比曲线，图 6.153～图 6.158 为工况 5 分别与工况 5-1、工况 5-2、工况 5-3 碾压混凝土 3m 升程中心点 6 的温度和 σ_1 变化对比曲线，图 6.159～图 6.164 为工况 5 分别与工况 5-1、工况 5-2、工况 5-3 碾压混凝土 6m 升程中心点 13 的温度和 σ_1 变化对比曲线。

在对计算结果进行分析前，先对工况 5 系列工况进行说明。工况 5 是根据混凝土放热量、放热快慢和放热持续时间的试验结果而相应拟定的；工况 5-1 则是根据自生体积变形试验结果的发展规律，考虑通过温度膨胀来弥补自生体积收缩而拟定的；工况 5-2 是在工况 5 的基础上考虑通过采取变流量结合变水温的方式而拟定的；工况 5-3 是根据前述几个工况的计算结果拟定的，主要分析减小通水持续时间对结果的影响。

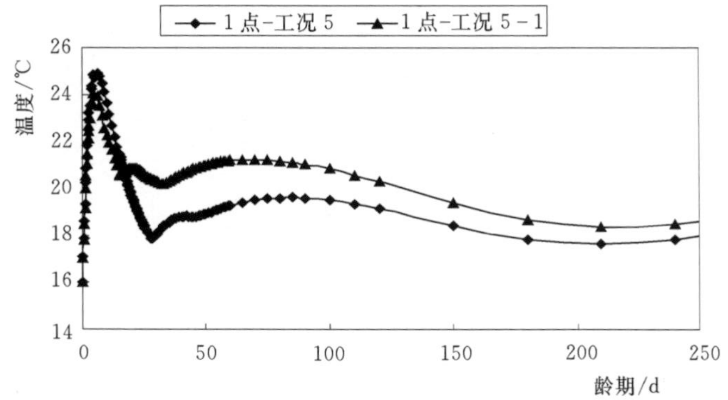

图 6.147 工况 5 与工况 5-1 垫层中心 1 点的温度变化对比曲线

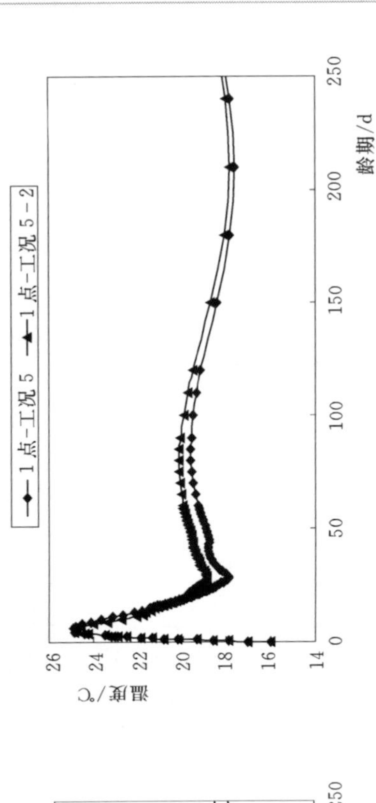

图 6.148 工况 5 与工况 5-2 垫层中心 1 点的温度变化对比曲线

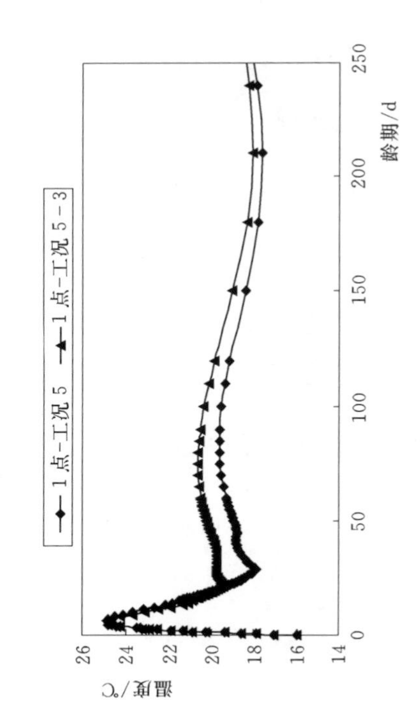

图 6.149 工况 5 与工况 5-3 垫层中心 1 点的温度变化对比曲线

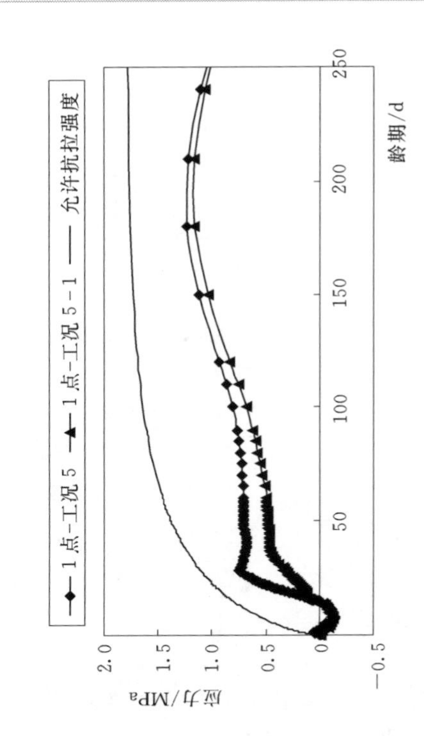

图 6.150 工况 5 与工况 5-1 垫层中心 1 点的 σ_1 变化对比曲线

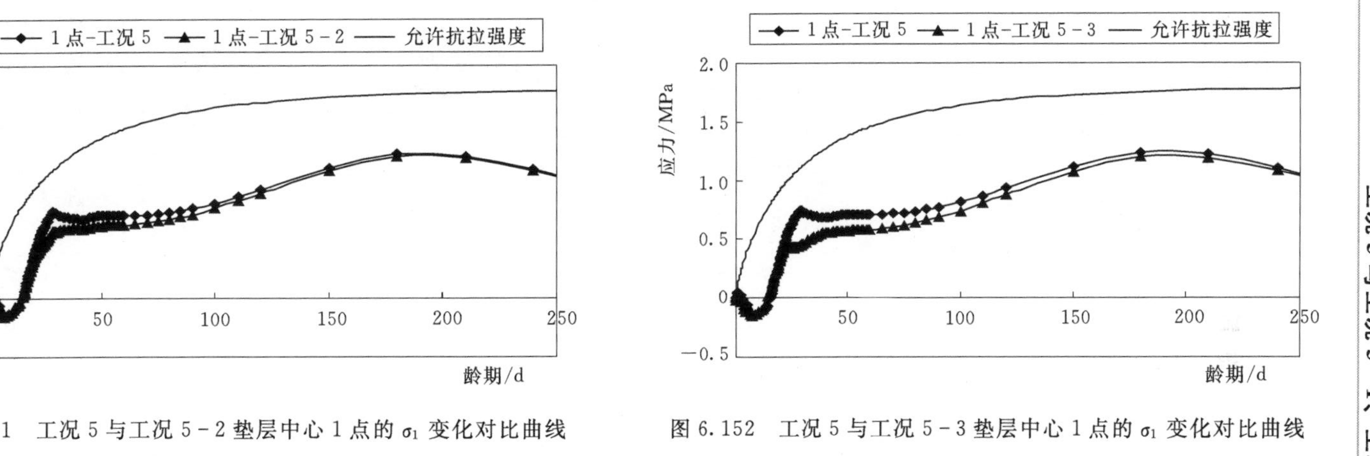

图 6.151　工况 5 与工况 5－2 垫层中心 1 点的 σ_1 变化对比曲线

图 6.152　工况 5 与工况 5－3 垫层中心 1 点的 σ_1 变化对比曲线

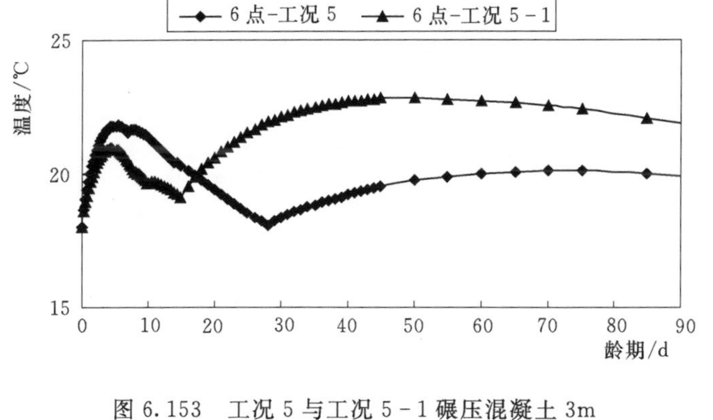

图 6.153　工况 5 与工况 5－1 碾压混凝土 3m 升程中心 6 点的温度变化对比曲线

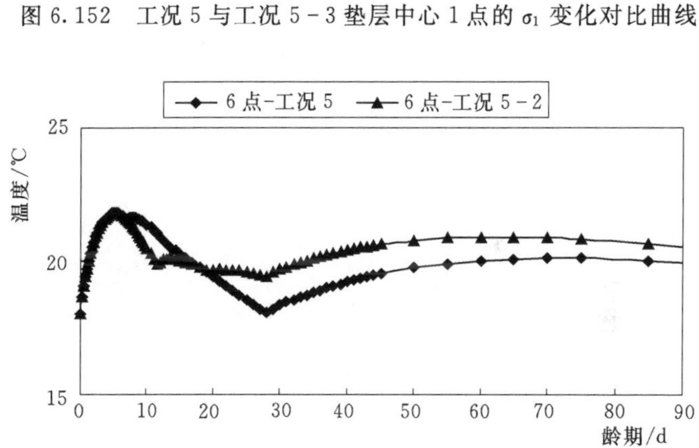

图 6.154　工况 5 与工况 5－2 碾压混凝土 3m 升程中心 6 点的温度变化对比曲线

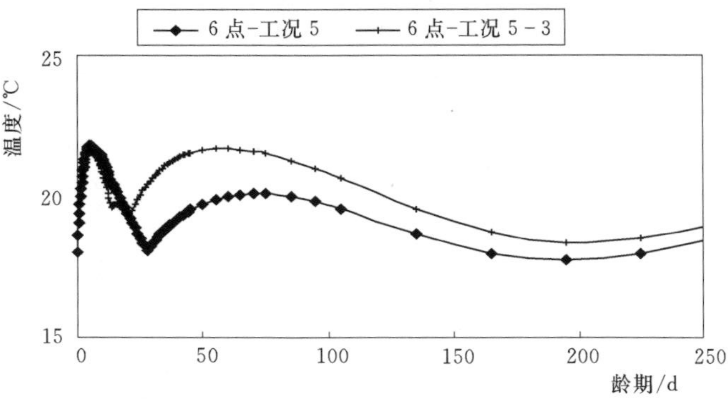

图 6.155 工况 5 与工况 5-3 碾压混凝土 3m 升程中心 6 点的温度变化对比曲线

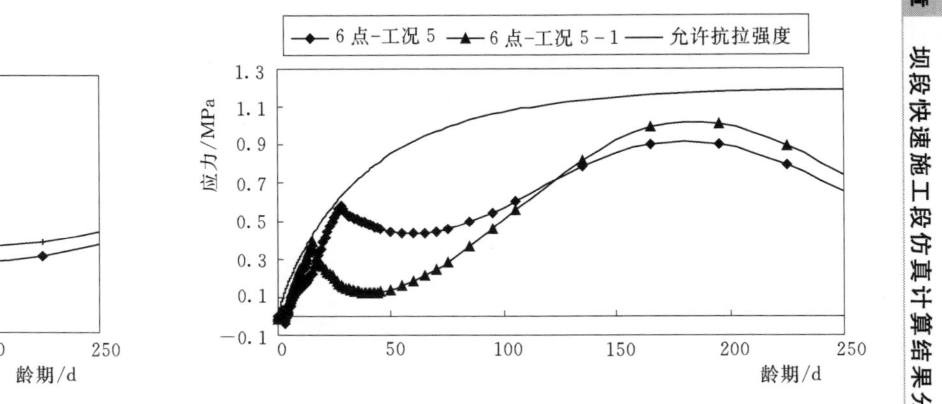

图 6.156 工况 5 与工况 5-1 碾压混凝土 3m 升程中心 6 点的 σ_1 变化对比曲线

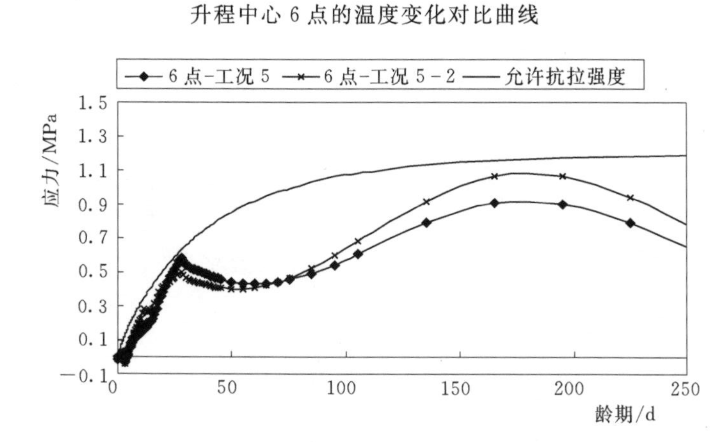

图 6.157 工况 5 与工况 5-2 碾压混凝土 3m 升程中心 6 点的 σ_1 变化对比曲线

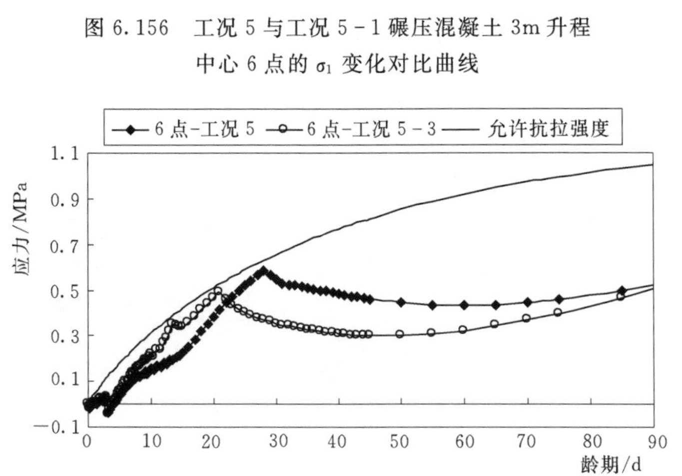

图 6.158 工况 5 与工况 5-3 碾压混凝土 3m 升程中心 6 点的 σ_1 变化对比曲线

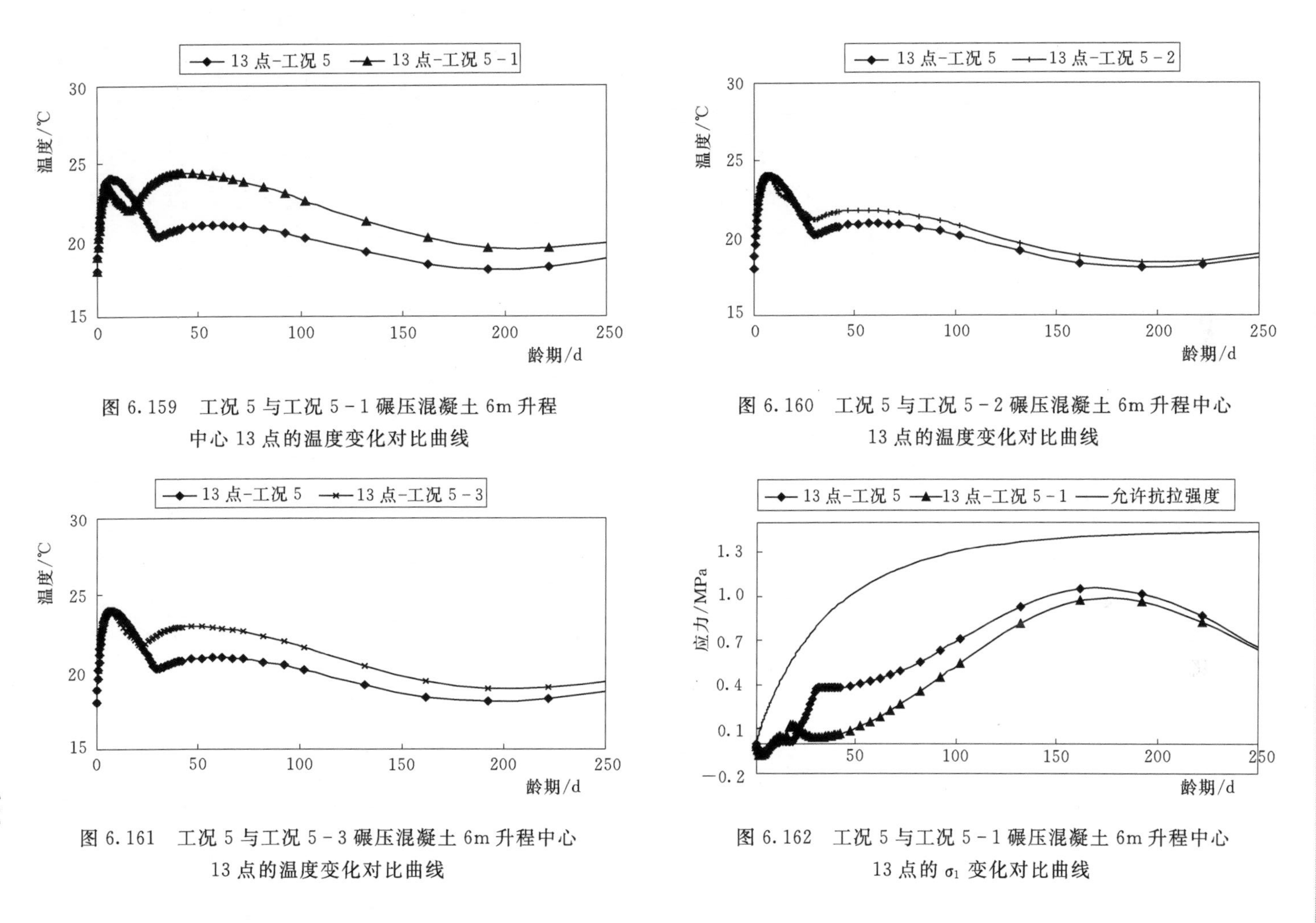

图 6.159 工况 5 与工况 5－1 碾压混凝土 6m 升程中心 13 点的温度变化对比曲线

图 6.160 工况 5 与工况 5－2 碾压混凝土 6m 升程中心 13 点的温度变化对比曲线

图 6.161 工况 5 与工况 5－3 碾压混凝土 6m 升程中心 13 点的温度变化对比曲线

图 6.162 工况 5 与工况 5－1 碾压混凝土 6m 升程中心 13 点的 σ_1 变化对比曲线

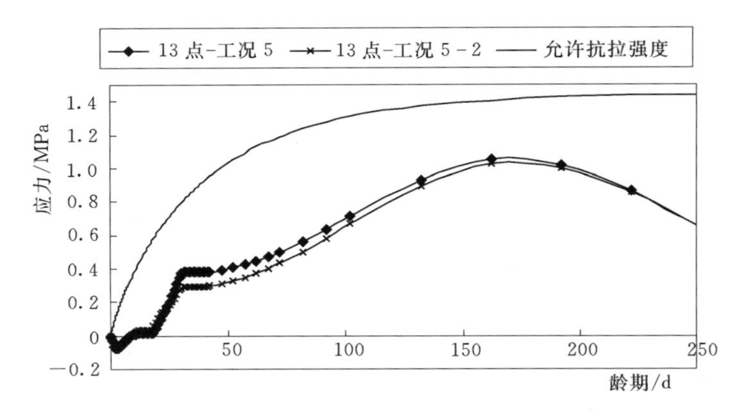

图 6.163 工况 5 与工况 5-2 碾压混凝土 6m 升程中心 13 点的 σ_1 变化对比曲线

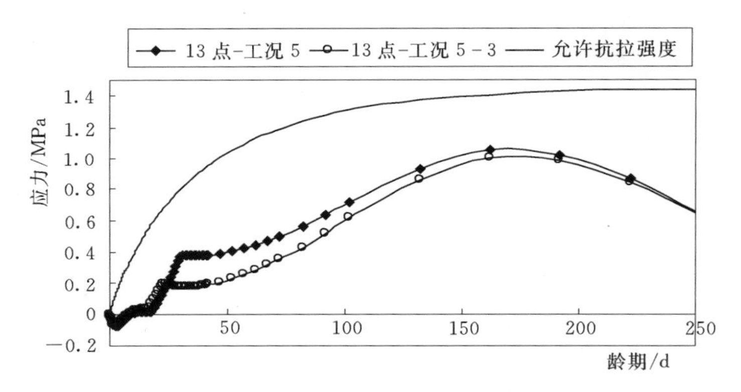

图 6.164 工况 5 与工况 5-3 碾压混凝土 6m 升程中心 13 点的 σ_1 变化对比曲线

工况 5 的冷却效果在 7.8 节已经作了分析，本节主要对其余几个工况在与工况 5 比较的情况下进行说明。

1. 工况 5 与工况 5-1 结果对比分析

由图 6.147 可知，垫层常态混凝土内部 1 点在工况 5 条件下的最高温度为 24.89℃，在工况 5-1 条件下的最高温度为 23.95℃，温度峰值降低不到 1℃，说明早期加大通水流速至 1.65m/s 能够提高一点冷却效果，但不明显，碾压混凝土 3m 升程和 6m 升程内部 6 点和 13 点情况相似，因此建议仍采用 1.2m/s 的流速即可。由于工况 5-1 通水仅持续 15d，因此停水后，混凝土仍有水化放热与其他高温度部位的传热，混凝土温度反弹，其中垫层常态混凝土建于建基面上，热量向基岩传递，温度反弹量较小，如图 6.147 所示，1 点停水后的温度反弹很小，因此温度膨胀变形对自生体积收缩的补偿很小。而碾压混凝土 3m 升程和 6m 升程混凝土内部的温度反弹量均较大，其中 6 点在停水后 30d 时出现二次峰值 22.80℃（见图 6.153），较好地补偿了自生体积收缩。但由于其二次温度峰值比通水期间出现的一次温度峰值（20.90℃）高，这也会增加一些抗裂压力。不论是采用工况 5 的方案还是采用工况 5－1 的方案，混凝土内部在浇筑初期和施工期后期的抗拉安全度均达到 2.0。

2. 工况 5 与工况 5－2 结果对比分析

由于工况 5 和工况 5－2 在前 7d 的冷却方式相同，因此引起的温度和应力变化规律是一样的。而 7d 以后的冷却降温过程出现明显不一致，浇筑后的 7～12d 期间工况 5－2 的结果显示混凝土内部降温速度较快，而 12～28d 则较慢（见图 6.148、图 6.154 和图 6.160），这里说明与流速相比，冷却水水温对冷却效果影响更大。因此，浇筑初期要做到维持 1.2m/s 的基础上，尽量降低冷却水的水温。

3. 工况 5 与工况 5－3 结果对比分析

在工况 5－3 情况下，浇筑后 21d 时，水管停水，即混凝土内部散热渠道关闭，温度反弹，其中碾压混凝土 3m 升程 6 点反弹后最高温度为 21.67℃（见图 6.155），略低于此前出现的最高温度，而碾压混凝土 6m 升程 13 点反弹后最高温度为 22.94℃（见图 6.161），比 3m 升程略高。

上述几种冷却方式由于均在浇筑初期控制了混凝土的最高温度，因此在施工期后期出现的拉应力值及其变化规律相差不大，参看 7.8 节工况 5 的水管冷却效果，此处不再赘述。

从水管冷却敏感性计算结果来看，保证 8.0℃的冷却水温时，在 1.20m/s 的流速基础上继续加大流速对降低最高温度有一定的作用，但影响较小。水管通水仅持续 15d 时，碾压混凝土内部温度的反弹后峰值会高于此前出现的最高温度，说明通水 15d 属于不充分冷却，不建议采用。一般而言，在现有水管尺寸下，流速在一定程度以上时，增加流速与降低冷却水水温相比，其冷却效果要小许多，因此一期冷却建议只采用制冷水为佳，且对于 24 号坝段试验段而言，如果采用 8.0℃制冷水，且冷却 28d 后，无需再进行二期冷却。

6.10 工况 6 与工况 5 计算结果对比分析

工况 6 是对管层距和间距进行调整以后，采用工况 5 的冷却条件进行仿真计算，通过与工况 5 的比较，证明了采用工况 6 的水管布置方案，水管的削峰效果较差。

图 6.165 为工况 6 与工况 5 垫层常态混凝土中心点 1 的温度对比曲线，图 6.166 为工况 6 与工况 5 垫层常态混凝土中心点 1 的 σ_1 对比曲线，图 6.167 为工况 6 与工况 5 碾压混凝土 3m 升程中心点 6 的温度对比曲线，图 6.168 为工况 6

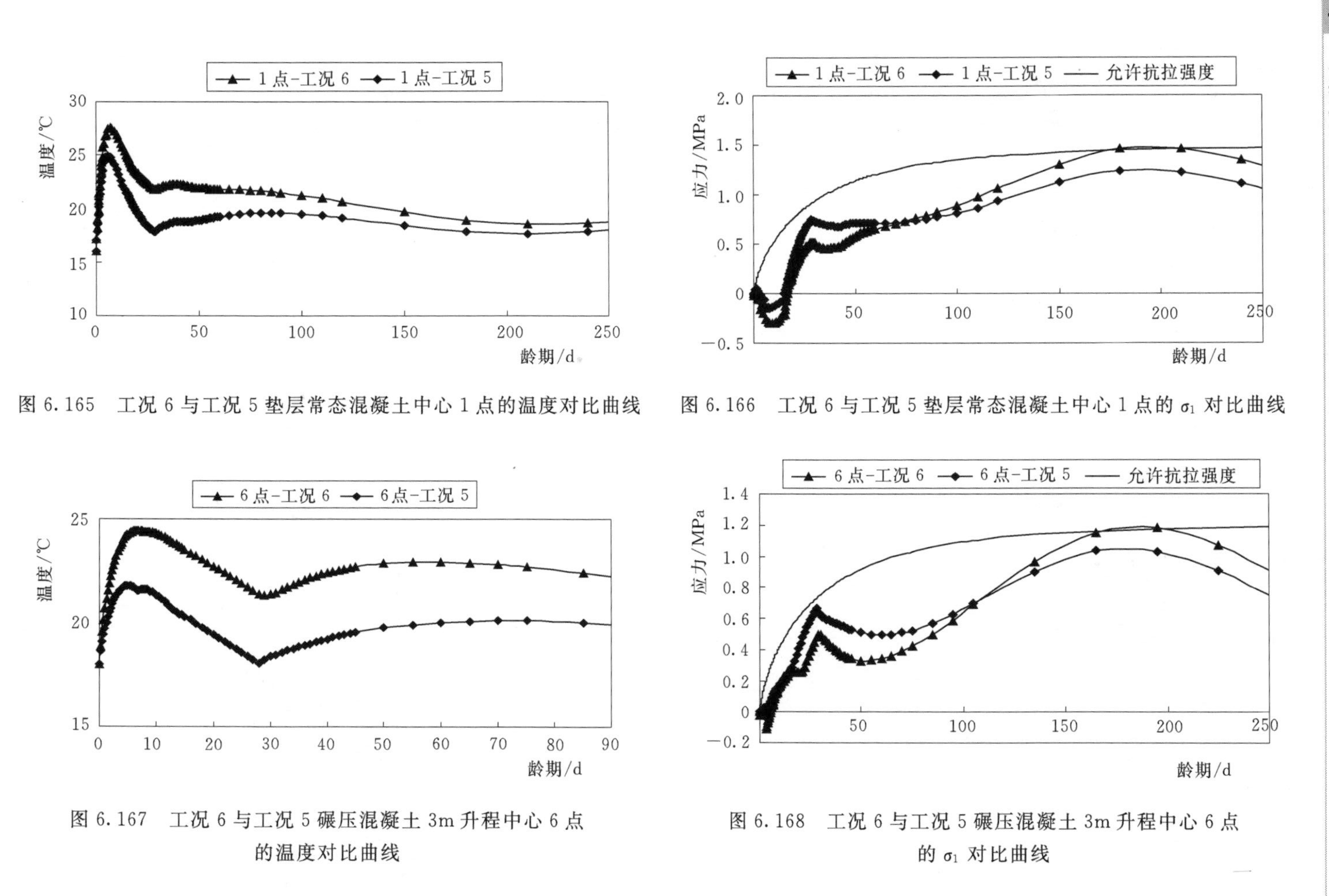

图 6.165 工况 6 与工况 5 垫层常态混凝土中心 1 点的温度对比曲线

图 6.166 工况 6 与工况 5 垫层常态混凝土中心 1 点的 σ_1 对比曲线

图 6.167 工况 6 与工况 5 碾压混凝土 3m 升程中心 6 点的温度对比曲线

图 6.168 工况 6 与工况 5 碾压混凝土 3m 升程中心 6 点的 σ_1 对比曲线

与工况 5 碾压混凝土 3m 升程中心点 6 的 σ_1 对比曲线，图 6.169 为工况 6 与工况 5 碾压混凝土 6m 升程中心点 13 的温度对比曲线，图 6.170 为工况 6 与工况 5 碾压混凝土 6m 升程中心点 13 的 σ_1 对比曲线。

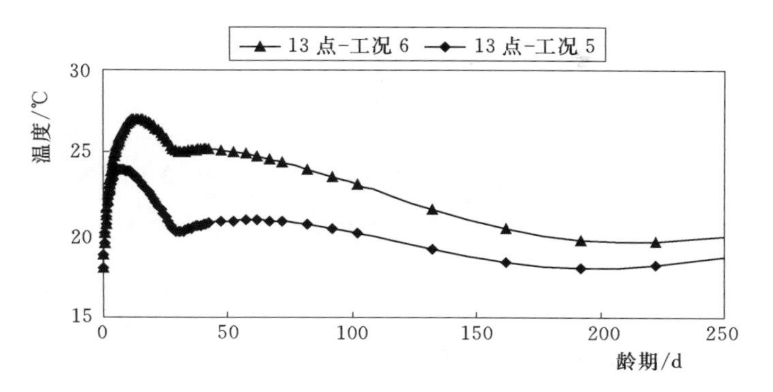

图 6.169 工况 6 与工况 5 碾压混凝土 6m 升程中心 13 点的温度对比曲线

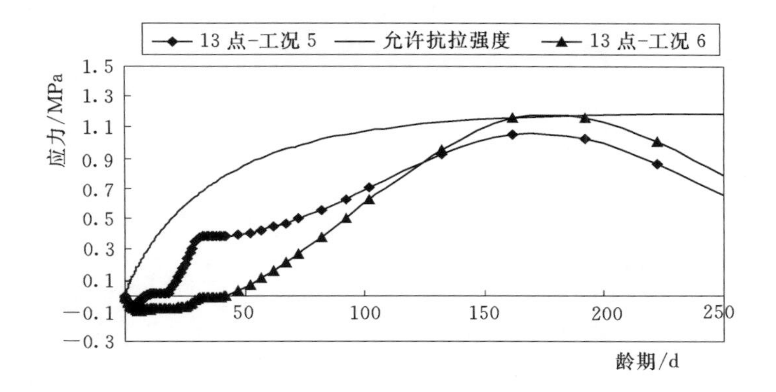

图 6.170 工况 6 与工况 5 碾压混凝土 6m 升程中心 13 点的 σ_1 对比曲线

由于垫层内只布置一层水管（工况 6），因此垫层内的降温效果不如两层水管（工况 5）所达到的，如 1 点在布置一层水管时达到最高温度 27.53℃，而两层水管时为 24.89℃（见图 6.165）。由图 6.166 可以看出，布置一层水管时，到龄期 200d 左右时，出现 1.47MPa 的拉应力，接近即时允许抗拉强度 1.45MPa ($k=2.0$)，这点也说明了，布置一层水管冷却力度较差。

碾压混凝土 3m 升程在保持间距不变，水管层距为 1.5m（工况 6）和水管层距为 1.2m（工况 5）情况下，中心点 6 的温度变化情况如图 6.167 所示，通过比较可知，层距为 1.5m 时的 6 点最高温度为 24.45℃，比层距为 1.2m 时的 21.80℃高了 2.65℃，效果略差。同样由于削峰力度的差异，后期拉应力值也发生变化，如图 6.168 所示，6 点在层距 1.5m 时的最大拉应力为 1.17MPa，接近即时允许抗拉强度 1.16MPa。

碾压混凝土 6m 升程在保持层距不变，水管间距为 2.0m（工况 6）和间距为 1.0m（工况 5）情况下，中心点 13 的温度变化情况如图 6.169 所示。通过比较可知，间距为 2.0m 的 13 点最高温度为 27.02℃，比间距为 1.0m 时的 23.99℃高了 3.03℃，效果略差。同样由于削峰力度的差异，后期最大拉应力（间距为 2.0m）为 1.16MPa，接近即时允许抗拉强度（见图 6.170）。

6.11　工况 7 计算结果分析

通过 6.8 节的分析可知，内部通水冷却可减小混凝土的内外温差，24 号坝段快速施工试验段在施工期（不论早期还是后期）混凝土的温度和应力均得到了改善，但是基础强约束区的表面在进入冬季时依然产生了较大的拉应力（抗裂安全度超过 2.0），因此工况 6 在上述计算结果的基础上，考虑混凝土浇筑后在碾压混凝土 6m 升程表面进行保温，进入低温季节对垫层和碾压混凝土 3m 升程表面进行保温。

图 6.171 为工况 7 垫层常态混凝土上游表面点 3 的温度变化过程线，图 6.172 为工况 7 垫层常态混凝土上游表面点 3 的 σ_1 变化过程线，图 6.173 为工况 7 碾压混凝土 3m 升程上游表面点 11 的温度变化过程线，图 6.174 为工况 7 碾压混凝土 3m 升程上游表面点 11 的 σ_1 变化过程线，图 6.175 为工况 7 碾压混凝土 6m 升程上游表面点 18 的温度变化过程线，图 6.176 为工况 7 碾压混凝土 6m 升程上游表面点 18 的 σ_1 变化过程线。

由于碾压混凝土 6m 升程浇筑后即在表面进行保温，因此表层混凝土受环境温度变化的影响减小，如图 6.175 所示，18 点浇筑初期的温度波动幅度明显减小，说明保温后，昼夜温差对表层混凝土的影响力度减小，因此，在保温期间，表面的应力状态也得到了改善，如 18 点保温时的拉应力基本满足抗裂安全度 2.0 的要求，浇筑后第一个冬季的拉应力依然满足抗裂安全度 2.0 的要求（见图 6.176）。

对垫层常态混凝土和碾压混凝土 3m 升程的冬季进行保温以后，表层混凝土的温度梯度明显减小，表现为混凝土表面的拉应力减小，如 3 点在第一个冬季的最大拉应力为 1.18MPa，满足允许抗拉强度 1.45MPa。

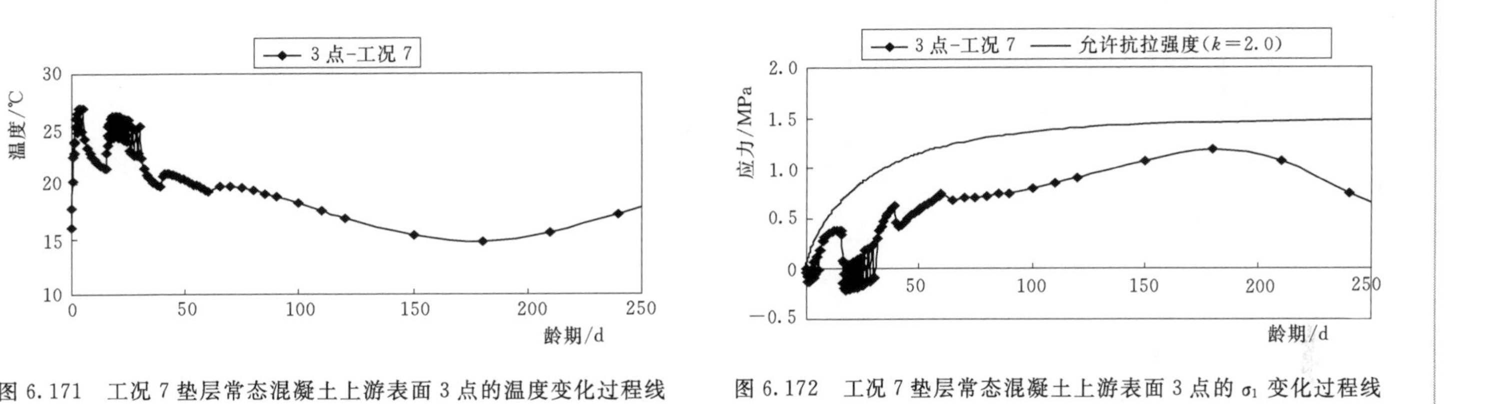

图 6.171 工况 7 垫层常态混凝土上游表面 3 点的温度变化过程线

图 6.173 工况 7 碾压混凝土 3m 升程上游表面 11 点的温度变化过程线

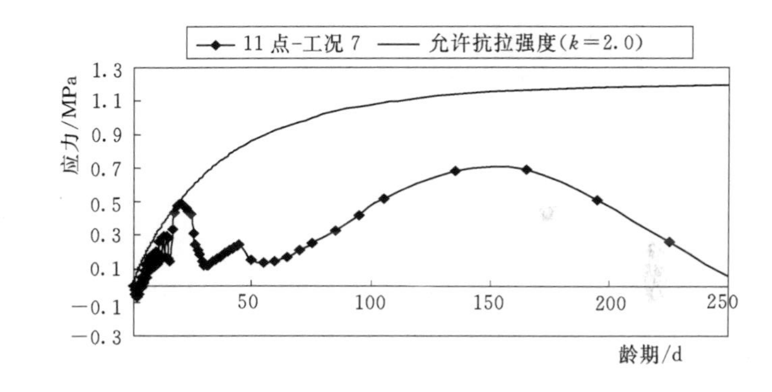

图 6.172 工况 7 垫层常态混凝土上游表面 3 点的 σ_1 变化过程线

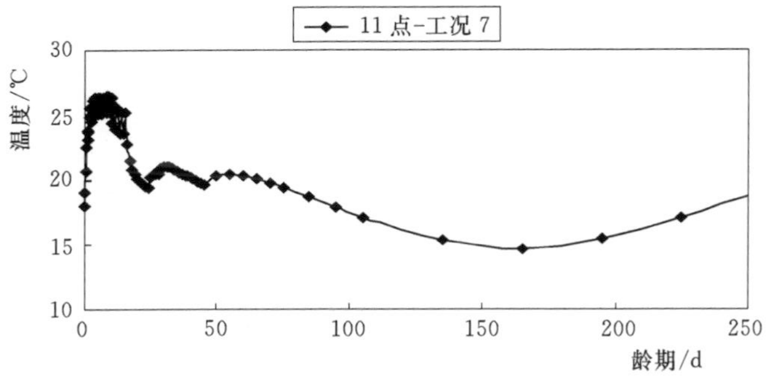

图 6.174 工况 7 碾压混凝土 3m 升程上游表面 11 点的 σ_1 变化过程线

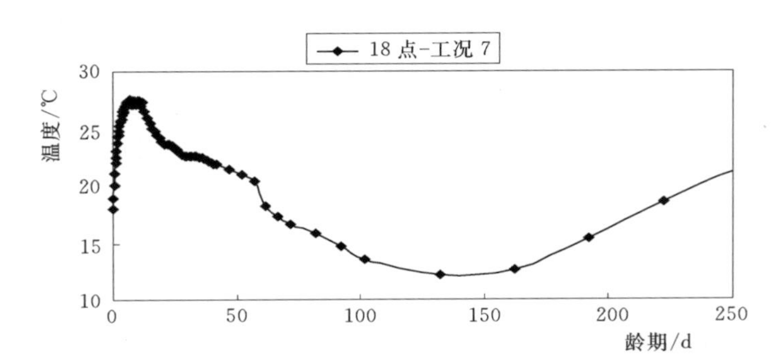

图 6.175 工况 7 碾压混凝土 6m 升程上游表面 18 点的温度变化过程线

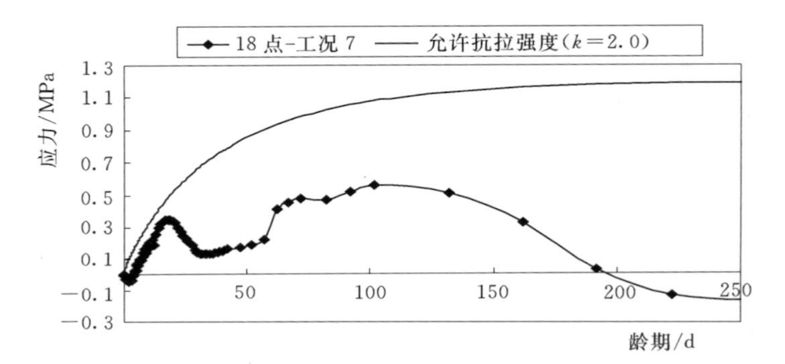

图 6.176 工况 7 碾压混凝土 6m 升程上游表面 18 点的 σ_1 变化过程线

6.12 小结

(1) 就正常施工（不考虑固结灌浆时间和快速施工）和自然入仓情况下，9 月浇筑的 24 号坝段垫层混凝土出现温度峰值 37.59℃，由于垫层厚仅 2.0m，直接浇筑于建基面上，部分热量传至基岩，因此尽管垫层采用常态混凝土，但其最高温度仍低于碾压混凝土，碾压混凝土中心区域最高温度为 38.38℃。由于混凝土自生体积变形量大，而常态混凝土又直接浇筑于建基面上，受基岩约束强，且无温控措施时内部温升高，因此试验段最大拉应力出现在垫层部位，如高程 1291.00m 的中心部位（垫层中心位置）出现最大拉应力 2.88MPa，接近混凝土即时抗拉强度 2.96MPa。

(2) 考虑采取“厚浇筑层，短间歇期”的快速施工方法和垫层浇筑完固结灌浆 15d 时，在自然入仓情况下，混凝土垫层最高温度为 37.83℃，碾压混凝土中心区域最高温度达 40.62℃。就碾压混凝土而言，由于施工间歇期较短，混凝土的整体性较好，上下层温差较小，因此从整体上看，施工期产生的最大拉应力比非快速施工时小，碾压混凝土中心最大拉应力为 2.03MPa，超过即时允许抗拉强度。

(3) 快速施工的浇筑层较厚，间歇时间的长短对内部混凝土温度变化的影响较小，根据仿真计算结果，间歇 3d、7d、10d 对碾压混凝土 3.0m 升程最高温度的影响最大仅 1.5℃。但间歇时间对仓面温度和应力的影响较大，间歇时间越长，表面受昼夜温差的影响越久，产生的拉应力越大。

(4) 从 9 月浇筑的岸坡坝段的仿真计算结果来看，控制浇筑温度（垫层常态混凝土 16.0℃，碾压混凝土 17.0℃）而无其他温控措施时，垫层常态混凝土中心位置的最大温升值为 31.64℃，碾压混凝土中心位置最高温度为 32.20℃，比自然入仓时均有明显减小。试验段最大拉应力为 1.96MPa，超过允许值，其余部位混凝土拉应力均有不同程度的改善，但部分区域拉应力仍超过允许拉应力值。

(5) 试验段在通水以后，高温部位均出现在仓面，如垫层和碾压混凝土 3.0m 升程接合处出现最高温度 27.46℃，而各升程内部温度较低，最高温度控制在 22.0℃左右。通水以后，内部各特征点施工期出现的最大拉应力均满足 2.0 的抗裂安全度要求，且表面各点早期的应力状态也得到较大改善，抗裂安全度基本能控制在 1.65 以内，部分区域抗裂安全达到 2.0 以上，但是基础约束区的表面在浇筑后的第一个冬季仍然出现超过允许值的拉应力值 2.34MPa（见图 7.8）。

(6) 通过多工况的水管冷却过程控制方法的敏感性分析，主要得出以下结论：

1) 通水持续时间少于 21d 为不充分冷却，停水时温度回弹较高，如仅通水 15d 时，碾压混凝土高程 1293.50m 中心点温度反弹最高值为 22.80℃，比通水期间出现的温度峰值略高。

2) 通水冷却时间以 21～28d 为最佳，若超过 28d 时混凝土继续冷却降温，混凝土内部拉应力可能在 28d 以后超过允许值。

3) 流速达到 1.20m/s 以后，继续加大流速能够提高冷却水管的削峰力度，但效果较小。如采用流速 1.65m/s 时碾压混凝土高程 1293.50m 中心点最高温度为 20.91℃，比采用 1.20m/s 时的 21.80℃略低。

4) 通天然河水的冷却效果不明显，但对维持和避免混凝土温度反弹有一定的作用，因此浇筑初期通制冷水，水温越低越好，通水 21d 以后可以考虑采用天然河水。

(7) 通过表面保温的方法协助内部水管冷却，以便进一步提高混凝土表面的抗裂安全度和减小混凝土基础约束区表面在低温季节出现的拉应力。从仿真计算结果上看，保温以后厚浇筑块表面的抗裂安全度满足 2.0 的抗裂安全度要求，且基础强约束区表面在第一个冬季出现的最大拉应力为 1.18MPa，满足要求。

第7章 结论和建议

7.1 结论

碾压混凝土坝的裂缝问题一直是工程界和学术界非常关心的问题，国内外很多学者对于这个问题进行了深入的研究，主要是从混凝土的材料特性、结构设计、施工方法以及数值仿真计算等方面进行研究，但是迄今为止，该问题尚没有得到很好的解决。碾压混凝土坝裂缝形成的客观因素复杂，不论是在施工期还是在运行期，均存在开裂的风险。混凝土致裂应力主要有温变所致的温度应力和混凝土收缩性自生变形应力，具体影响因素有：环境气象条件、浇筑温度、最高温度、混凝土温差、自生体积变形、热胀系数、弹性模量、徐变（松弛）、基础岩体的变形约束、浇筑块长度及厚度、间歇时间、极限拉伸率、表面热交换能力、内部降温过程及降温幅度、养护措施、结构施工分块和施工分层情况等，而且这些因素大都与时间有关。

笔者利用理论上严密的水管算法，根据GD碾压混凝土坝坝址区的实际情况和施工组织设计要求，首先对GD碾压混凝土坝提前施工的岸坡坝段，即24号坝段快速施工段及其整体坝段的混凝土温度场、应力场进行了精细的仿真模拟和计算，得到这些坝段在施工期的温度和应力分布规律，并根据仿真计算的结果，提出了适用于该工程的正常施工方案和快速施工方案。主要结论如下：

（1）从理论上和仿真计算结果上看，岸坡坝段采取快速施工方法的施工方案，即碾压混凝土浇筑时采取“厚浇筑层、短间歇期”的施工方法是可行的。只要采取合理的温控方案，最重要的是冷却水管的运作充分、合理，是能够有效解决由快速施工所带来的抗裂压力的。如24号坝段快速施工试验段采用优选的水管冷却方案时，仿真计算结果显示内部各典型点的应力均满足抗裂安全度2.0，且表面各点通水期间的应力状态也得到了较大的改善，满足抗裂安全度1.65。

（2）由于GD碾压混凝土坝所用混凝土的水化反应较慢，混凝土散热性能差，浇筑体积大，因此在无内部降温的情况下，大坝的温升期通常会持续较长时间，如24号坝段高程1301.00m以下坝体内部会持续升温20多天，而混凝土表面受气温影响大，温度变化速度快，使得混凝土在浇筑后的较长时间（一般持续 30d）内，混凝土均处于内外温差较大的状态，受混凝土自身约束，表层混凝土在早期会产生较大的拉应力，如 24 号坝段试验段在浇筑后 7～30d 期间其 σ_1 均超出允许应力值，最大达 1.06MPa，略高于即时抗拉强度 0.92MPa，这类早期表面裂缝的起裂时间一般在大坝混凝土内部升温阶段和初期降温阶段，起裂位置一般位于厚浇筑层的表面，如 24 号坝段试验段的 6.0m 升程上游面。

（3）GD 碾压混凝土坝 1 号和 24 号岸坡坝段施工后即进入冬季，随着气温的降低和昼夜温差的增大，表层混凝土的收缩加剧，其中基础强约束区的表层混凝土有局部区域的 σ_1 超出允许应力值，如 24 号坝段基础强约束区混凝土上游表面在浇筑后的第一个冬季出现了 2.46MPa 的拉应力，接近抗拉强度 2.89MPa，若受不利因素（如寒潮、大风天气等）影响，极易开裂，这类裂缝的起裂时间一般在大坝混凝土浇筑后的第一个低温季节出现，起裂位置多出现在大坝强约束区的表面。

（4）根据试验结果，GD 碾压混凝土坝所采用的混凝土自生体积变形量大，受基础岩体约束范围较大，因此防裂工作依然严峻。24 号坝段试验段的仿真计算结果显示，不论采用何种施工方法（正常施工或快速施工），坝体内部在浇筑后 5～7 个月，在基础强约束区均会出现超过允许抗拉强度的拉应力，如 24 号坝段高程 1292.00m 中心位置拉应力为 2.62MPa，接近抗拉强度 2.89MPa。

（5）为使仿真计算结果尽量与实际相符，24 号坝段坝体考虑了廊道结构，根据计算结果，廊道周围易出现应力集中现象，且廊道周围混凝土应力的发生与发展更为复杂，需要引起重视。

（6）由于混凝土的热惰性，而且混凝土体积很大，环境温度一般仅影响坝体上、下游表面表层混凝土，对坝体内部温度的影响较小，且上、下游坝面区坝体温度随气温的变化呈现出周期性变化。温度由表及里逐渐升高，靠外表面的温度梯度大，坝体内部温度梯度小。

（7）在正常施工（不考虑固结灌浆时间和快速施工）和自然入仓情况下，9 月浇筑的 24 号坝段垫层混凝土出现温度峰值 37.59℃，由于垫层厚仅 2.0m，直接浇筑于建基面上，部分热量传至基岩，因此尽管垫层采用常态混凝土，其最高温度仍低于碾压混凝土，碾压混凝土中心区域最高温度为 38.38℃，24 号坝段试验段非快速施工时最高温度沿高程变化情况如图 7.1 所示。由于混凝土自生体积变形量大，无温控措施时内部温度升高，基础强约束区内部后期拉应力很大，如高程 1291.00m 的中心部位出现最大拉应力 2.88MPa，接近混凝土即时抗拉强度 2.96MPa。24 号坝段非快速施工时试验段最大拉应力沿高程变化情况如图 7.2 所示。

（8）考虑采取“厚浇筑层，短间歇期”的快速施工方法和垫层浇筑完固结

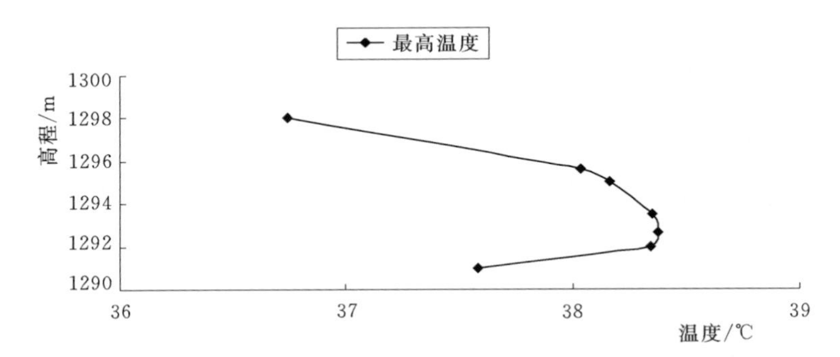

图 7.1　24 号坝段试验段非快速施工时最高温度沿高程变化情况

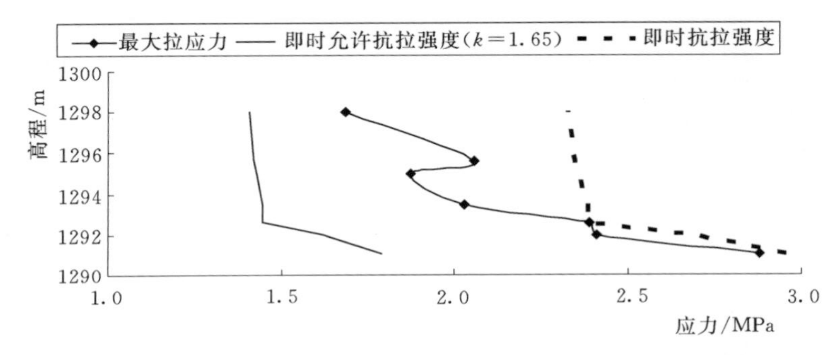

图 7.2　24 号坝段试验段非快速施工时最大拉应力沿高程变化情况

灌浆 15d 时，在自然入仓情况下，混凝土垫层最高温度为 37.83℃，碾压混凝土中心区域最高温度达 40.62℃，比非快速施工时高 2.24℃（见图 7.3）。就碾压混凝土而言，由于施工间歇期较短，混凝土的整体性较好，上下层温差较小，因此从整体上看，施工期产生的最大拉应力也较小，碾压混凝土中心最大拉应力为 2.03MPa（见图 7.4），超过即时允许抗拉强度，位于垫层与碾压混凝土的接合处。

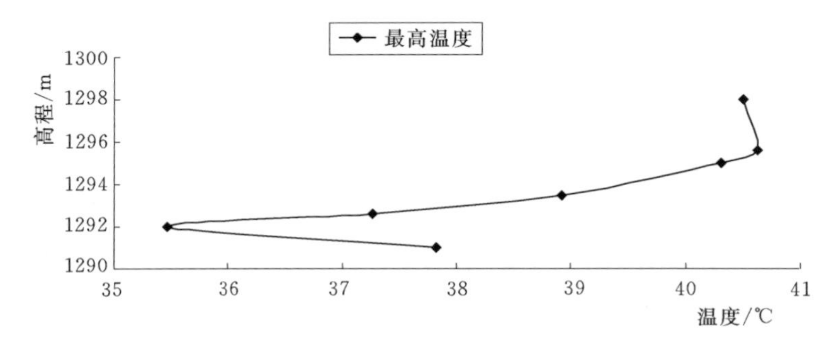

图 7.3　24 号坝段试验段快速施工时最高温度沿高程变化情况

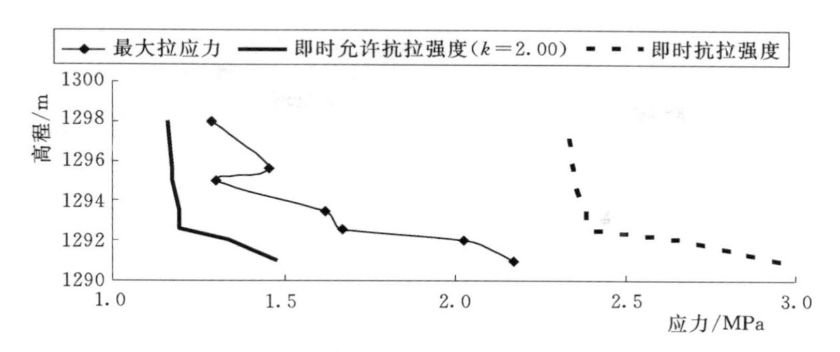

图 7.4 24 号坝段试验段快速施工时最大拉应力沿高程变化情况

(9) 在无内部散热的情况下，混凝土主要通过表面向环境散热，而对于大坝而言，施工仓面通常是每个混凝土浇筑层最大的散热面，因此，间歇时间会影响每一升程的最高温度和降温速度，但是在快速施工情况下，由于浇筑层较厚，因此间歇时间的长短对内部混凝土温度变化的影响较小，根据仿真计算结果，间歇 3d、7d、10d 对碾压混凝土 3.0m 升程最高温度的影响最大仅 1.5℃。但间歇时间对仓面温度和应力的影响较大，间歇时间越长，表面受昼夜温差的影响越久，产生的拉应力越大。因此，若采取快速施工方法，只要施工条件允许，间歇时间越短越好。

(10) 控制高温季节的浇筑温度一直以来几乎是每个大坝工程都采取的一种温控措施。实践经验表明，浇筑温度对控制混凝土最高温度是直接有效的。从 9 月浇筑的岸坡坝段的仿真计算结果来看，控制浇筑温度（垫层常态混凝土 16.0℃，碾压混凝土 17.0℃）而无其他温控措施时，垫层常态混凝土中心位置的最大温升值为 31.64℃，碾压混凝土中心位置最高温度为 32.20℃，比自然入仓时均有明显减小，按《大坝混凝土施工组织设计》要求的浇筑温度施工时，最高温度沿高程变化情况如图 7.4 所示。24 号坝段试验段最大拉应力仍然出现在垫层混凝土与碾压混凝土的接合处，最大为 1.96MPa，超过允许拉应力值，其余部位混凝土拉应力均有不同程度的改善，但部分区域拉应力仍超过允许拉应力值（见图 7.5）。

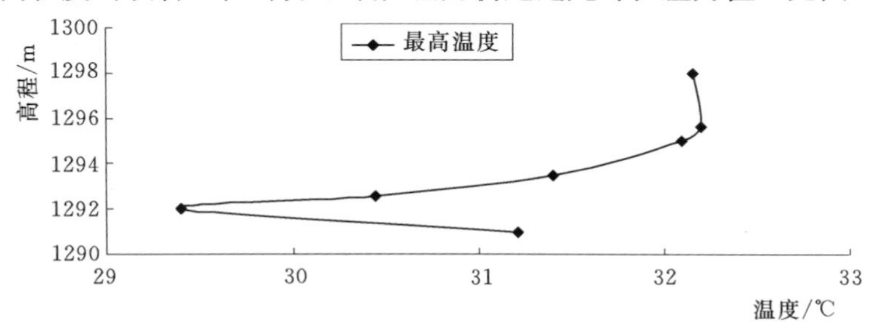

图 7.5 24 号坝段试验段控制浇筑温度时最高温度沿高程变化情况

（11）根据仿真计算结果，不论采取何种施工方法或者控制浇筑温度，混凝土裸露表面在施工期的早期（龄期前30d）和后期（浇筑后第一个冬季）均出现了较大的拉应力，甚至超过即时抗拉强度，如快速施工和无温控措施条件下，碾压混凝土6.0m升程上游侧表面在龄期17d出现了最大拉应力1.06MPa，超过了即时允许抗拉强度0.92MPa。而垫层常态混凝土上游侧表面在浇筑后第一个冬季出现了最大拉应力2.46MPa，也接近即时抗拉强度2.85MPa。

（12）混凝土内部冷却水管的可控降温方法是温控措施中最经济、有效的方法，已经广泛应用于各种混凝土工程。就快速施工而言，混凝土内部热量积聚较为严重，通过冷却水管的合理运作，可以带走大部分热量，从而达到削峰的效果。同时，由于内部温度的降低，还能有效减小内外温差。仿真计算结果也证明了这一点，24号坝段试验段在通水以后，高温部位均出现在仓面，如垫层和碾压混凝土3.0m升程接合处出现最高温度27.46℃，这是由于上层浇筑温度较低，9月环境温度较高引起的，其余部位温度均较低，通水以后最高温度沿高程变化情况如图7.6所示。通水以后，内部各特征点施工期出现的最大拉应力均满足抗裂安全度2.0（见图7.7）。另外，通水以后，表面各点早期的应力状态也得到较大改善，抗裂安全度基本能控制在1.65以内，部分区域抗裂安全度达到2.0以上，但是基础约束区的表面在浇筑后的第一个冬季仍然出现超过允许值的拉应力值2.34MPa（见图7.8）。

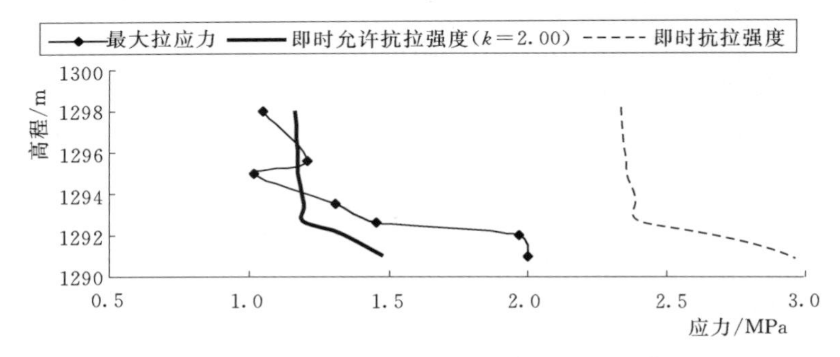

图7.6　24号坝段试验段控制浇筑温度时最大拉应力沿高程变化情况

（13）通过多工况的水管冷却过程控制方法的敏感性分析，主要得出以下结论：

1）通水持续时间少于21d为不充分冷却，停水时温度回弹较高，如仅通水15d时，碾压混凝土高程1293.50m中心点温度反弹最高值为22.80℃，比通水期间出现的温度峰值略高。

2）通水冷却时间以21～28d为最佳，若超过28d时混凝土继续冷却降温，则混凝土内部拉应力可能在28d以后超过允许值。

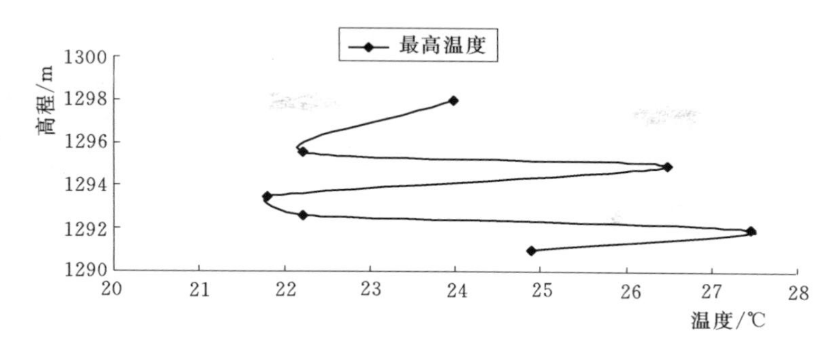

图 7.7 24 号坝段试验段通水时最高温度沿高程变化情况

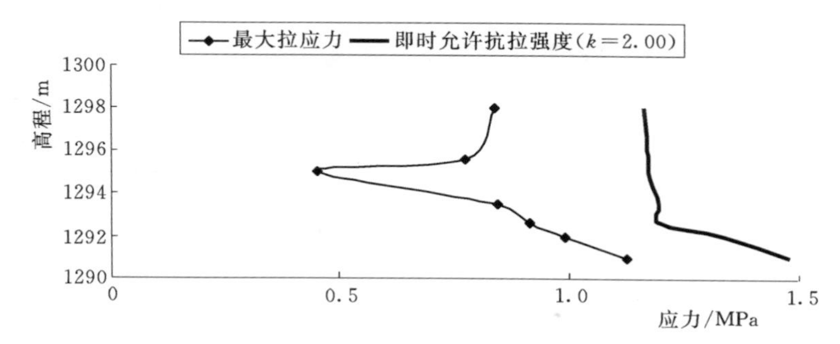

图 7.8 24 号坝段试验段通水时最大拉应力沿高程变化情况

3）流速达到 1.20m/s 以后，继续加大流速能够提高冷却水管的削峰力度，但效果较小。如采用流速 1.65m/s 时碾压混凝土高程 1293.50m 中心点最高温度为 20.91℃，比采用 1.20m/s 时的 21.80℃略低。

4）通天然河水的冷却效果不明显，但对维持和避免混凝土温度反弹有一定的作用，因此浇筑初期应通制冷水，水温越低越好，通水 21d 以后可以考虑采用天然河水。

(14）通过表面保温的方法协助内部水管冷却，以便进一步提高混凝土表面的抗裂安全度和减小混凝土基础约束区表面在低温季节出现的拉应力值。从仿真计算结果上看，混凝土浇筑初期和低温季节在表面进行保温后，厚浇筑块表面的抗裂安全度达到 2.0，基础强约束区表面在第一个冬季出现的拉应力值为 1.18MPa，满足要求。

7.2 建议温控方案

(1）混凝土表面及仓面的隔热和保温方法。24 号坝段开始施工时间为 9 月，快速施工试验段浇筑时间为 10 月初，环境温度较高，按《大坝混凝土施工组织设计要求》，混凝土的浇筑温度较低，而且混凝土的水化反应速度较慢，因此，浇筑初期，混凝土温度往往低于环境温度，处于从外界吸热状态，甚至在浇筑初期出现表面温度高于内部温度的现象。而且混凝土自生体积变形较大，进入秋冬季节后，随着外界平均气温的降低和昼夜温差变大，使得混凝土表面在浇筑初期及施工期后期均有开裂的风险。另外，各浇筑层仓面由于在上层混凝土浇筑时温度还比较高，导致这个部位混凝土的温升值高于其他部位，降温阶段产生的冷缩结合自生体积收缩，使得这个部位也容易发生开裂。

因此，建议24号坝段试验段碾压混凝土6.0m升程（高程1295.00m以上）上游侧表面、横缝侧表面和仓面均进行隔热和保温，可采用2.0cm厚的大坝保温被，保温持续30d以上为佳。进入低温季节后，在11月初，在基础强约束区（高程1295.00m以下）的表面进行保温，此时保温力度越大越好，建议采用5.0cm厚的大坝保温被，保温应持续整个冬季。若条件允许，最好能够在浇筑后，表面保温保持至第二年的夏季。

(2) 混凝土表面及仓面的保湿方法。混凝土浇筑后其内部含有足够的多余水分，在混凝土硬化过程中会有水分蒸发。混凝土浇筑结束以后，先在仓面用土工膜覆盖严实，然后在土工膜上覆盖大坝保温被，这样膜内会滞留一定的水分，膜和混凝土表面之间自然形成保湿的潮湿小环境，无须频繁地对膜下混凝土表面进行另外的保湿养护工作。此外，若施工条件允许，也可以在侧面采取同样的方法。一般在间歇期内，混凝土表面的内外温差会持续增大，因此掀开表面覆盖物进行洒水养护或降温工作，将增大表面收缩应力。在工程现场可适时用手触摸查看膜内混凝土表面是否需要人工增湿，视实际潮湿情况确定是否需要对膜内混凝土表面进行洒水，以及洒水的次数和时间，若确实需要洒水，则要尽可能用少量高温水。

(3) 垫层采用常态混凝土，且直接浇筑于建基面上，水化放热量较大且基础约束强，布置一层水管的冷却效果不足，因此，建议在垫层布置两根水管，层距×间距为1.0m×1.0m，从而发挥水管削峰减差的双重效果。水管采用HDPE管，内径为28.0mm，外径为32.0mm。考虑到垫层常态混凝土绝热温升较高，又直接与建基面接触，因此，建议通水前10d的流速和流量分别为1.20m/s和2.66m^3/h，10d后流速和流量减半为0.60m/s和1.33m^3/h，21d后停止通水；进口水温为8.0℃，冷却水流向每半天改变一次。若垫层只布置一层水管，则应在前期增加通水流速和流量，建议在前10d保持流速1.65m/s、流量3.66m^3/h，10～21d保持水温8.0℃不变，减小流速为1.20m/s、流量为2.66m^3/h，21d后采用天然河水（水温约15.0℃），并保持流速和流量不变，直至28d龄期结束通水，这期间冷却水流向每一天改变一次。

(4) 碾压混凝土3.0m升程浇筑于垫层上，由于垫层浇筑后，需要进行固结灌浆，间歇期较长，可能需要持续1个月，因此在碾压混凝土浇筑时，垫层混凝土已经较为成熟，从而对新浇混凝土的约束较强，因此在碾压混凝土3.0m升程内水管的布置和冷却过程需要严格控制。建议在碾压混凝土3.0m升程内布置3层水管，水管层距×间距为1.2m×1.0m，其中上层水管距离仓面0.3m，下层水管距离垫层层面0.3m，每层水管端部距离上游面边界控制在0.4m以内。工程采用HDPE管（内径为28.0mm，外径为32.0mm），鉴于HDPE塑料冷却管在其他碾压混凝土坝中有成功应用的经验，不考虑将冷却水管换成金属水管，但是对冷却过程需要严格按照要求进行。通水持续28d，前8d采用8.0℃人工制冷水，流速为1.20m/s，流量为2.66m³/h，8～15d通水水温不变，流速和流量减半为0.60m/s和1.33m³/h，15～28d保持流速和流量不变，采用天然河水，水温为15.0℃。

（5）碾压混凝土6.0m升程考虑在下层混凝土（碾压混凝土3.0m升程）浇筑后3d即施工，因此上下层温差较小，但是6.0m升程的碾压混凝土体积相对较大，需要在混凝土内布置冷却水管进行排热降温。混凝土内考虑布置4层水管，层距×间距为1.5m×1.0m，其中上层水管距离仓面0.9m，下层水管距离碾压混凝土3.0m升程仓面0.6m，具体水管布置如图7.9（a）、（b）、（c）所示。6.0m升程水管层距较大，由于高温水削峰效果很差，故通水过程需要注意控制进口水温。由于水管层距较大，建议前8d通大流量低温水，即通水流速为1.65m/s，流量为3.66m³/h，水温为8.0℃，8～15d减小流速和流量为1.20m/s和2.66m³/h，并保持水温不变，15～21d将流速和流量减半为0.60m/s和1.33m³/h，冷却水流向每半天改变一次。21d以后保持流速和流量不变，通天然河水，水温为15.0℃，至28d时停止通水，冷却水流向每一天改变一次。

（6）因24号坝段试验段施工期间气温还比较高，故要遵循“先通水后浇混凝土”的通水原则。

（7）在正式浇筑混凝土前务必先要进行水管强度和密封性的现场压水检测，具体是用冷却水工作时最大流速的1.3倍现场压水20min的方法进行检测，只有在整个压水检测过程中整根水管处处滴水不漏后才能浇筑大坝混凝土。

（8）施工现场需配置两套供水系统。一是人工制冷水，水温控制在8.0℃，若水温能够再低一些则更好，水箱尽量放置在阴暗处，减小水源受日照的影响，现场需要做到维持冷却水水温恒定，波动幅度不得超过2.0℃。二是天然河水，水温约15℃，尽可能不取受气温影响较大的近表面河水。

（9）每层水管应配置一个独立的流量节制阀，现场可根据测点温度的变化规律或趋势，适当调整水管流速（流量），以便提高或降低水管冷却速率，使混凝土内的温度变化过程朝着有利于减小温度应力的方向发展。

（10）要尽可能设法避免在水管通水冷却期间出现停水现象，这个中间停水

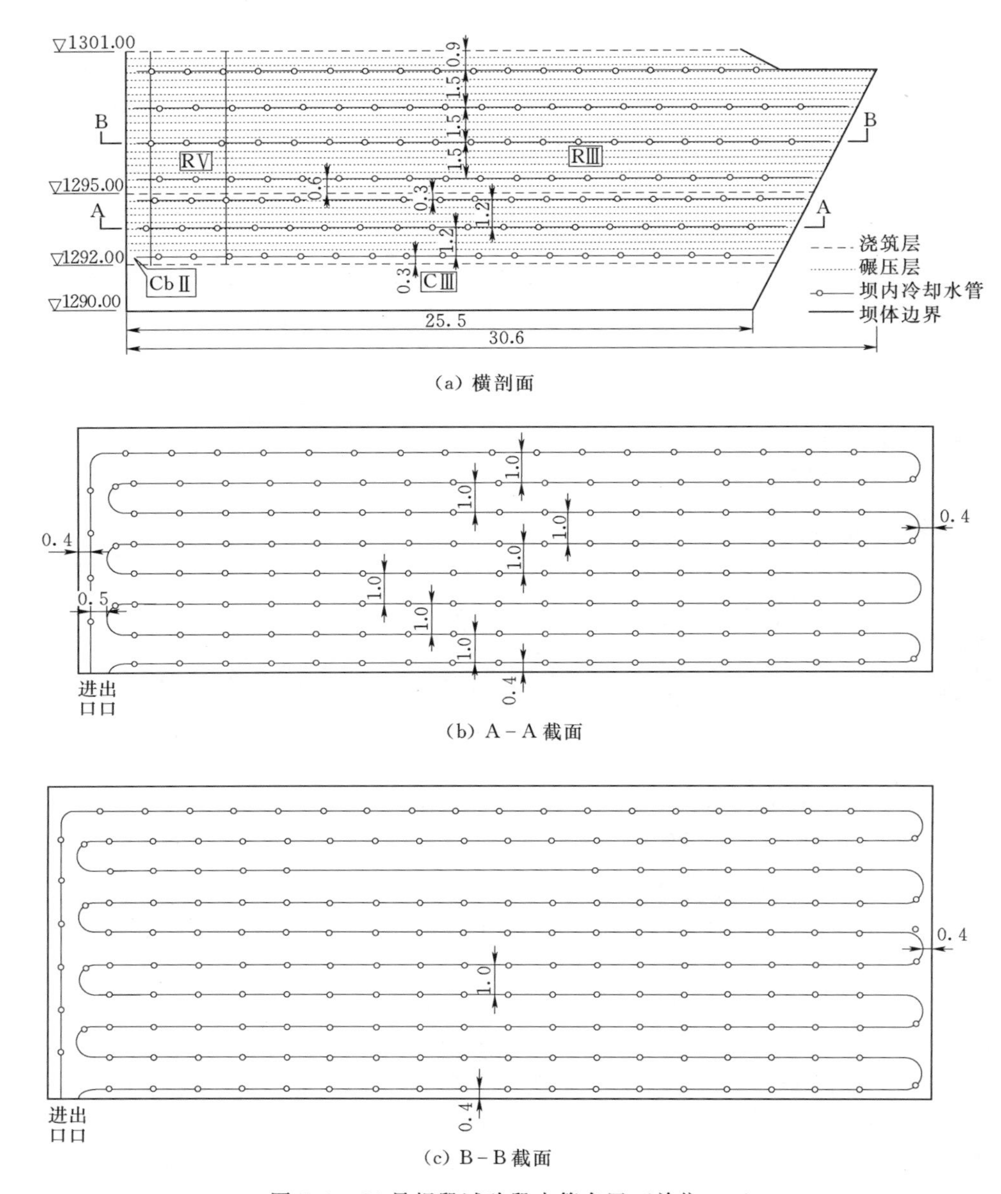

图7.9 24号坝段试验段水管布置(单位:m)

现象是水管冷却运行过程中的大忌。若因某种随机原因而出现冷却停水现象，则要进行抢修并立即通报科研方，尽可能缩短停水时间。在恢复通水时，先要采取0.10m/s的小流速进行通水30min，再加大流速至所要求流速的一半，待再通水1h后再恢复流速至正常所需流速，恢复正常通水状态。需详细记录停水原因、抢修方法、再通水全过程等信息。

(11) 水管冷却的导热降温作用是混凝土施工防裂方法中最为重要和可灵活应用的防裂措施，技术含量也是最高的，且显得复杂一些，在施工期间施工方要指派专管技术人员在施工现场进行水管冷却全过程的管理和运行，确保施工质量。

(12) 在混凝土拆模后，对坝段各裸露表面进行检查，观测有无裂缝的出现，若发现任何裂缝，包括表面微小龟裂缝，则务必在第一时间进行详细记录、原因评述和通报各方，尤其是科研方，以避免类似裂缝的重复出现。对后续的浇筑要合理选择某些典型段进行这样的检查，以免现场出现了裂缝而大家不能及时知道的现象出现。

(13) 在施工过程中，若遇到任何随机出现且事先没有考虑的现场特殊情况以及在施工过程中出现任何不利的情况，施工方人员应随时通报工程建管方和科研方，科研方应及时提出针对性的防裂措施，最大限度地不影响现场混凝土的施工进展。

(14) 温控措施在现场的严格实施是解决混凝土坝裂缝问题的最关键工作之一，特别是此次采用快速施工方法，该方法目前国内外可以参考的类似工程很少，因此，工程业主需做好现场的相关管理和协调工作，使得该项目的施工防裂方法及其措施的研究成果能够严格地在施工现场得到实施。科研方应随时对所提研究成果进行质疑问题的澄清，对防裂方法的动态跟踪进行改进，完善施工防裂方法。

7.3 24 号坝段混凝土快速施工试验段温控指标

7.3.1 测点布置

24 号坝段试验段的测点布置分为控制测点（Ki）和校核测点（Ji），控制测点的实测温度值将作为下一节温控指标控制值，而校核测点一方面验证控制测点的真实性和代表性，作为控制测点补充，另一方面若出现控制测点在施工过程中损坏，则可以根据实际情况，选择校核测点代替。24 号坝段试验段测点布置如图 7.10 所示，其中 K1、K2、K3 为碾压混凝土 3m 升程中间不同高程点，K4 为碾压混凝土浇筑后布置在仓面中心的点，K5 和 K6、K7 和 K8 为碾压混凝土 3m 升程两组表层测点，其中 K5 和 K7 距上游表面 0.05m，K6 和 K8 距离上游表面 1.00m，K9 为碾压混凝土 6m 升程中心点，K10 为碾压混凝土 6m 升程水管附近点，K11 为碾压混凝土 6m 升程仓面中心点，K12 和 K13 为碾压混凝土 6m 升程表层测点。校核测点分别布置在坝体内部和表面相应位置。图 7.10 各测点均位于所在水平截面的中间位置。

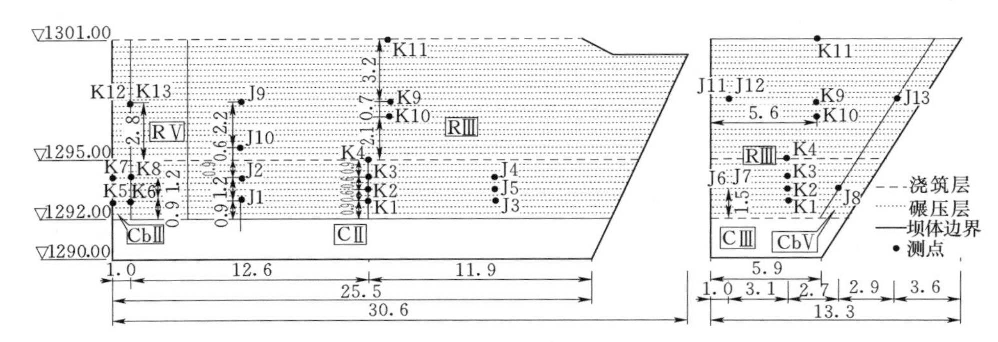

图 7.10　24 号坝段碾压混凝土快速施工试验段测点布置（单位：m）

7.3.2　温控指标

24 号坝段碾压混凝土快速施工试验段的施工温控指标是根据仿真计算结果，参考 GD 水电站大坝工程的《大坝混凝土施工组织设计》，按照碾压混凝土快速施工时需满足抗裂安全度 2.0 的要求提出的，具体温控指标见表 7.1。表 7.1 中控制测点的对应位置见 7.3.1 节。

表 7.1　　24 号坝段试验段施工温控指标

控制项目	中心混凝土最高温度		表层混凝土温度日变幅		表层混凝土内外温差		上层混凝土浇筑时下层混凝土温度		冷却水管内外温差		停水时中心混凝土温度		停水后中心混凝土温度反弹值	
	控制测点	允许值/℃	控制测点	允许值/℃	控制测点	允许值/℃	控制测点	允许值/℃	控制测点	允许值/℃	控制测点	允许值/℃	控制测点	允许值/℃
碾压混凝土3m 升程	K1、K3	22.0	K5、K7	1.50	（K5、K6）和/或（K7、K8）	2.0	K4	22.0	K2.T_{in}	22.0	K2	18.0	K2	1.0
碾压混凝土6m 升程	K5	24.0	K12	0.50	K12、K13	3.0	K11	—	K10.T_{in}	22.0	K10	20.0	K10	2.0

注　1. 实际施工时要求温控指标值不大于允许值，T_{in}为进口水温。

2. 浇筑温度按《大坝混凝土施工组织设计》要求，9 月施工 24 号坝段垫层常态混凝土浇筑温度为 16.0℃，碾压混凝土浇筑温度为 18.0℃。

3. 冷却水管要求采用高密度聚乙烯塑料（HDPE）管，内径为 28.0mm，外径为 32.0mm。

4. 温控指标的实施过程需要实时对可控温控措施进行改进，如增加或减小保温力度和水管冷却力度等。

5. 24 号坝段试验段碾压混凝土 3.0m 升程和 6.0m 升程间歇时间为 3d。

6. 如遇特殊气候条件，碾压混凝土的施工可按《大坝混凝土施工组织设计》要求实施，注意在高温时段施工时需对已浇混凝土进行隔热，避免热量倒灌。

参 考 文 献

［1］ 朱伯芳．大体积混凝土温度应力与温度控制［M］．北京：中国电力出版社，1999.

［2］ 龚召熊，张锡祥，肖汉江，等．水工混凝土的温控与防裂［M］．北京：中国水利水电出版社，1999.

［3］ 张超然，王忠诚，戴会超，等．三峡水利枢纽混凝土工程温度控制研究［M］．北京：中国水利水电出版社，2001.

［4］ 邓进标，邹志晖，韩伯鲤，等．水工混凝土建筑物裂缝分析及其处理［M］．武汉：武汉水利电力大学出版社，1998.

［5］ 黄国兴，惠荣炎．混凝土的收缩［M］．北京：中国铁道出版社，1990.

［6］ 周明，陈振建．遗传算法原理及应用［M］．北京：国防工业出版社，2000.

［7］ 张晓缋，戴冠中，徐乃平．一种新的优化搜索算法——遗传算法［J］．控制理论与应用，1995（3）：265－273.

［8］ 朱岳明，贺金仁，刘勇军，等．龙滩水电站混凝土温控防裂研究（国电公司“十五”科技攻关子题项目）［R］．南京：河海大学，2003.

［9］ 朱岳明，贺金仁，刘勇军，等．龙滩水电站大坝混凝土温控防裂研究（国电公司“十五”科技攻关子题项目·中间成果）［R］．南京：河海大学，2002.

［10］ 章恒全，朱岳明，刘勇军，等．周宁碾压混凝土重力坝温度场及徐变应力场仿真分析［R］．南京：河海大学，2002.

［11］ 朱岳明，刘勇军，徐之青，等．淮河入海水道二河泄洪闸混凝土防裂研究［R］．南京：河海大学，2002.

［12］ 朱岳明，刘勇军，贺金仁，等．淮河入海水道淮安立交地涵混凝土防裂研究［R］．南京：河海大学，2002.

［13］ 朱岳明，汪基伟，徐之青，等．临淮岗49孔浅孔闸加固工程外包混凝土干缩防裂措施研究［R］．南京：河海大学，2002.

［14］ 朱岳明，刘勇军，谢先坤，等．确定混凝土温度特性参数的试验与反演分析［J］．岩土工程学报，2002（2）：175－177.

［15］ 朱岳明，张建斌．碾压混凝土坝高温期连续施工采用冷却水管进行温控的研究［J］．水利学报，2002（11）：55－59.

［16］ 朱岳明，徐之青，张琳琳．掺氧化镁混凝土筑坝技术述评［J］．红水河，2002（3）：45－49.

［17］ 张建斌，朱岳明，章洪，等．RCCD三维温度场仿真分析的浮动网格法［J］．水力发电，2002（7）：61－63.

［18］ 朱岳明，秦宾，张建斌，等．基于生长单元网格浮动的碾压混凝土坝温度场分析［J］．河海大学学报（自然科学版），2002（5）：28－32.

［19］ 朱岳明，黎军，刘勇军．石梁河新建泄洪水闸闸墩裂缝成因分析［J］．红水河，2002（2）：44－47，61.

［20］ 朱岳明，贺金仁．龙滩高RCC重力坝夏季不同浇筑温度的温控防裂研究［J］．水力发

电，2002 (11)：32-36.
[21] 曹为民，谢先坤，朱岳明．过渡单元和层合单元在混凝土三维温度场仿真计算中的应用 [J]. 水利水电技术，2002 (4)：1-4，57.
[22] 刘勇军，聂跃高．温度问题现场反分析与施工反馈 [J]. 河海大学学报（自然科学版），2003，31 (5)：530-533.
[23] 朱岳明，贺金仁，石青春．龙滩大坝仓面长间歇和寒潮冷击的温控防裂分析 [J]. 水力发电，2003，29 (5)：6-9.
[24] 朱岳明，刘勇军，谢先坤，等．石梁河新建泄洪闸施工期闸墩裂缝成因分析与加固措施研究 [R]. 南京：河海大学，1999.
[25] 朱岳明，徐之青，贺金仁，等．洪口水电站碾压混凝土重力坝温控防裂研究 [R]. 南京：河海大学高坝及地下结构工程研究所，2002.
[26] 朱岳明，徐之青，贺金仁，等．混凝土水管冷却温度场的计算方法 [J]. 长江科学院院报，2003，20 (2)：19-22.
[27] 朱岳明，贺金仁，肖志乔，等．混凝土水管冷却试验与计算及应用研究 [J]. 河海大学学报（自然科学版），2003 (6)：626-630.
[28] 朱岳明，章恒全，方孝伍，等．周宁碾压混凝土重力坝混凝土温控防裂研究Ⅱ [R]. 南京：河海大学，2003.
[29] 朱岳明，刘有志，刘贵友，等．宁波周公宅拱坝施工期一期冷却优选方案及温控防裂研究（一期）[R]. 南京：河海大学，2005.
[30] 朱岳明，陈攀建，刘有志，等．宁波周公宅拱坝现场实验及施工反馈研究（二期）[R]. 南京：河海大学，2006.
[31] 朱岳明，马跃峰，刘有志，等．姜唐湖泵送混凝土退水闸温控防裂技术研究 [R]. 南京：河海大学，2005.
[32] 张建斌．碾压混凝土坝三维温度场有限元仿真分析的层合单元模型的浮动网格法 [D]. 南京：河海大学，2000.
[33] 刘有志，朱岳明，吴新立，等．水管冷却在墩墙混凝土结构中的应用 [J]. 河海大学学报（自然科学版），2005 (6)：52-55.
[34] 刘有志，朱岳明，刘桂友，等．周公宅拱坝混凝土温控防裂水管冷却效果研究 [J]. 水利水电科技进展，2006，26 (2)：44-48.
[35] 刘有志，朱岳明，刘桂友，等．高拱坝一期冷却工作时间优选方案研究 [J]. 水力发电，2006 (3)：20-23.
[36] 谢先坤．大体积混凝土结构三维温度场、应力场有限元仿真计算及裂缝成因机理分析 [D]. 南京：河海大学，2001.
[37] 黎军．水工结构施工期混凝土温度场反分析及其应用 [D]. 南京：河海大学，2002.
[38] 刘勇军．水工混凝土温度与防裂技术研究 [D]. 南京：河海大学，2002.
[39] 贺金仁．高碾压混凝土重力坝的温控防裂研究 [D]. 南京：河海大学，2003.
[40] 徐之青．水工混凝土温控防裂的理论与应用研究 [D]. 南京：河海大学，2003.
[41] 陈建余．非稳定饱和-非饱和渗流场数值计算关键技术及其应用研究 [D]. 南京：河海大学，2003.
[42] 曹为民．水工立交地涵工程混凝土施工期温控防裂研究 [D]. 南京：河海大学，2003.
[43] 马东亮．二河新泄洪闸工程混凝土温控防裂研究 [D]. 南京：河海大学，2003.